情思物理

向敏龙 ◎ 主编

基于物理情境教学的探索与实践

U0207623

东北师范大学出版社

长　春

图书在版编目（CIP）数据

情思物理：基于物理情境教学的探索与实践 / 向敏
龙主编. — 长春：东北师范大学出版社，2021.8
ISBN 978-7-5681-8304-8

Ⅰ. ①情… Ⅱ. ①向… Ⅲ. ①物理教学—教学研究
Ⅳ. ①O4

中国版本图书馆CIP数据核字（2021）第170837号

□责任编辑：石　斌　　　　　□封面设计：言之凿
□责任校对：刘彦妮　张小娅　□责任印制：许　冰

东北师范大学出版社出版发行
长春净月经济开发区金宝街 118 号（邮政编码：130117）
电话：0431-84568115
网址：http：// www.nenup.com
北京言之凿文化发展有限公司设计部制版
北京政采印刷服务有限公司印装
北京市中关村科技园区通州园金桥科技产业基地环科中路 17 号（邮编：101102）
2021 年 8 月第 1 版　2021 年 9 月第 1 次印刷
幅面尺寸：170mm×240mm　印张：14.25　字数：212 千

定价：45.00 元

编 委 会

序言

　　人生有了向往，就会像土壤里的种子，破土长芽，伸展枝干，追寻绿叶与繁花硕果。人生有了向往，就有希望。希望如太阳，有了光和热，就有勃勃生机……

　　2018年我承担了省名师工作室主持人工作，也就多了一份持续向前的动力和压力。星星之火，可以燎原。三年来，我深深体会到工作室主持人就像一个点灯人，我们一起研课上课，我们一起学习交流，我们一起北上南下，我们一起观赛参赛，我们一起送教下乡……我们点燃一盏盏心灯，传递教育之火。三年来，我始终鼓励每一个学员不断超越自我，完善自我，服务学生；唤醒每一个学员回归初心，做一个让学生喜爱、家长尊敬的老师。三年来，我们点燃希望，燃亮智慧，燃亮自己，照亮别人，让理想与信仰、爱心与诚心、追求与奋斗成为我们研修路上最美的风景。

　　华为总裁任正非讲：划时代的科技和产业创新必定源自划时代的思想创新。唯有创新的思想才能激发创新的技术、产品和服务。思想创新的重要性高于一切。一切新产品和新工艺都不是突如其来、自我发育和自我生长起来的，它们皆源自新的科学原理和科学概念。新科学原理和科学概念则必须来自最纯粹科学领域持续不懈的艰难探索。如果一个国家最基础的前沿科学知识依赖他人，其产业进步必然异常缓慢，其产业和世界贸易竞争力必然极其孱弱。

　　教育也是如此。正如伟大的法国科幻作家儒勒·凡尔纳（1828—1905年）所说："凡是人能想到者，必有人能实现之。"新一轮课程改革在教育思想上有许多创新的地方。新课程理念特别强调将阅读能力、思考能力和表达能力看成学生的三大核心能力，把正确的价值观、科学的思维方式和优秀的品格看成学生的三大核心素养。北京师范大学肖川教授认为："从学科角度讲，要为素养而教（用学科教人），学科及其教学是为学生素养服务的，而不是为学科而教，把教学局限于狭隘的学科本位中，过分地注重本学科的知识与内容、任务和要求，这样将十分不利于培养视野开阔、才思敏捷并具有丰富文化素养和哲学气质的人才。"

本书凝聚了我们工作室全体学员三年研修中的点点滴滴，主要阐述了怎样将情境教学与物理教学进行有效融合，凝练了"情思"这一主题，构建了"情思物理"教学的策略和途径，通过"丰富的物理情境和深厚的育人情怀"案例，努力把学生培养成为知识丰富、思维深刻、人性善良、品格正直、心灵自由的人。

1. 启迪科学思维，培育核心素养

在学科核心素养导向下，科学思维是核心素养的关键点。因为思维方式是一个人脑力劳动（认识活动）的武器（媒介）。它是由思维方向、思维品质、思维方法和思维能力等构成的综合体。科学的思维方式决定一个人脑力劳动的水平和质量。学校教育教学不能只在知识点和能力点、知识和能力的细节上做文章，而是要在引导和启迪学生学会正确思维上下功夫。从认识论的角度分析，思维方式可以看作人的认识定式和认识运行模式的总和；从个体的角度分析，思维方式是个体思维层次（深度）、结构（类型）、方向（思路）的综合表现，是一个人认知素质的核心。

学校和教师要将学生科学思维方式的培养提升到奠基学生能力基础、关乎学生人生长远发展的高度来认识。关于培养学生的思维，本书从两个教学维度进行了一些思考和探索：

第一，从客观性、科学性的角度讲，要注重科学精神和客观性思维能力的培养，即培养学生用事实、实证、逻辑、推理和论证进行思维的能力，以《论语》中的"勿意、勿必、勿固、勿我"要求自己。"勿意"是指做事不能凭空猜测主观臆断，一切以事实为依据。"勿必"是指对事物不能绝对肯定或否定，要有辩证思维。"勿固"就是不能拘泥固执。"勿我"就是不要自以为是。

第二，从主观性、主体性的角度讲，要注重学生批判精神和质疑能力的培养，即培养学生独立、独特、个性、新颖的思维能力和想象能力。

2. 活化物理情境，开启思维密码

创设情境是新课程改革的一大亮点。情境创设的目的在于促进学生意义建构的主动发生。然而在教学实践中，常常会出现盲目追求热闹，狭隘地创设教学情境的现象：有的生活味浓了，物理味淡了；有的直观演示多了，物理思考少了……那种自认为生活化、趣味化的强化创设，是为情境创设而创设，将会使庸境成为课堂的一种摆设和点缀，使教学陷入片面化、低效化的误区。物理课程标准明确指出，要让学生在生动具体的情境中学习物理，让学生在现实情境中探索物理规律。

在学科核心素养教学中，情境设计能力是每一位教师必须具备的核心专业素养。在物理教学中，情境创设的核心意义是激发学生的问题意识和促进探究的进行，使思维处在爬坡状态。这是因为，人要形成新的认识，即知识能够进入人的头脑中被理解和成为人的认知结构的一部分，首先要能引起人原有认识的失衡（通俗地说，就是"好奇""生惑"），然后才会有自我调节并生成新的认知结构（即进行思考、探究，然后形成新理解）的过程。

3. 以情诱思，以情育思，让物理教育更有情思味

新一轮课程改革将统领着我们未来教学和考试的改革。聚焦课堂教学，关键在教师，教师专业成长了，课堂教学质量必然提高，考试成绩就是一种自然结果。著名教育家杜威说过："离开了人和人的发展，一切美妙的教育计划都无异于海市蜃楼。"物理教学同样依赖于教师的情感引领。物理教师不仅要有扎实的学科专业理论知识，还要对物理有欣赏与敬畏之情，对学生有善解和仁爱之情，那么物理教学中体现学科情怀就无处不在。国内外科学家的爱国史实点燃着家国情怀，物理学史中的优秀传统文化蕴含着人文情怀，科学探究过程中的睹"物"思"理"根植着审美情怀。学校物理教育也是师生相处的一段生活，我们除了关注考试外，更应关注学生的成长，物理教学不仅应广泛联系生活自然现象和社会科技活动，也应融入教师真实的感悟和本真的体验，让学生不仅掌握物理知识，更学会理解物理知识的深层意义与蕴含价值。

情境教学的核心在于激发学生的情感，陶冶学生的情操。所以情境教学能够培养学生的情感，启发学生的创新思维，激发学生的创新意识，增强学生的想象力，还可以在一定程度上开发学生的智力。"境"是一种物质的存在，"情"是一种精神的烘托，只有有"情"之境才能使物质因素有情感色彩。因此，当"情"与"境"相互交融，"情思"也就形成了。所以，本书倡导情思教育，探索在物理教学中将"物质情境"和"精神情怀"融为一体，形成融洽、和谐、温馨的教学氛

围，激发学生的学习兴趣和热情，进而以情诱思，以情启智，引导学生探求物理知识的奥妙。

核心素养的培育需要为学生提供丰富的现实情境。遗憾的是，在我们物理教学中，经常可以看到有些学生物理知识掌握得很熟练很牢固，解题能力也很强，但是你跟他相处，马上就会感受到他身上缺了什么东西，这东西就是素养！任何学科的教学都不仅仅是为了获得学科的若干知识、技能和能力，而是要同时指向人的精神、思想情感、思维方式、生活方式和价值观的生成与提升。

只有教师专业成长，学生的核心素养培育才会真正落地；只有教师幸福，学生才会幸福。情思物理教学倡导我们教师首先要具有积极的生命情态，是心地善良、有情有爱、充满生命活力的人，自我勤奋进取，具有强烈的育人情怀。我们工作室始终将具有"文化意义、思维意义、价值意义，即人的意义"作为情思物理教育的核心追求！

向敏龙

2020年10月于北京

目 录

上 篇 情思物理

下 篇 情思教育——研修掠影

上 篇

情思物理

　　三年时光，白驹过隙。本书上篇是工作室学员结业的成果结晶，也是工作室教学理念——"理蕴人文、以情诱思"的最好诠释。三年来，我们在物理教学实践中不断探索、凝练，再实践。上篇主要倡导在物理教育中贯彻"情思"这一主线，突出构建有情、有趣、有思的物理课堂，引导学员做有情怀、有思想的物理老师！

　　前四章较为系统地阐述、凝练了工作室的教学理念——情思物理。第五、六章汇聚了工作室成员在"情思物理"教学理念指导下的教学实践案例和教学总结思考，有突出"情境创设"的教学设计，有对"情思物理"的教学心得。

第一章　情境教学理论概述

古希腊教育学家苏格拉底曾经提出一种问题情境，叫作"产婆术"，他经常给学生们创设问题情境，让学生进行自主探求，从而获得解决问题的途径。美国教育家杜威认为，在课堂教学过程中，必须要创设情境，依据教学情境确立教学目的、制订教学计划和评价教学效果。杜威使情境教学的理论向前迈进了一大步。苏联教育家苏霍姆林斯基在教学改革试验中，经常把学生带到大自然中去，让学生充分地体验大自然的美，培养学生的观察能力以及创造力。国外对情境教学的研究，在理论和实践上走在我国的前面，他们的成果值得我们学习和借鉴。

当前教师在情境设计能力方面存在明显不足，这可能是未来提升核心素养教学效果的瓶颈，是未来核心素养改革难以落地的关键。有些教师甚至不知情境为何物，以为随随便便摘段材料就是情境，以为新课程改革不过是把过去大家习惯称为"材料"的东西改头换面叫作"情境"。

情境教学的概述

《辞源》对"情境"的解释为"景况"。"情境"这个词最初来源于《红楼梦》。从心理学的角度去研究情境，当情境在我们身边影响我们的感官时，我们就会对这些情境有记忆。从教育学的角度来看，能够引发学生去探究的载体都是情境。这些载体可以是生活中或者课堂上的简单物品。除了实际存在的物件以外，语言和文字也是一种情境。

李吉林老师对情境教学有比较系统的研究，她从1978年创立情境教学至今，已有四十多年。其间经历了情境教学、情境教育、情境课程和情境学习四个研究阶段。情境教育以促进学生充分发展为宗旨，汲取中国古代"意境说"的理论滋养，突出"真、美、情、思"四大元素，以"学生—知识—社会"三个维度作为内核，择美构境，以情启智，把情感活动与认知活动紧密结合，让学生在优化的情境中学、思、行、冶，在涵养学生的德性、启迪学生的悟性、舒展学生的灵性等方面取得了卓越的成效，得到了社会各界的广泛认可。她认为情境教学要"形真""情深""意远"，"理念寓于其中"。她把学生引入情境，感知美的表象，分析情境，理解美的实质，再现情境，表达美的感受，驾驭情境，诱发审美动因，使学生入境而感受美、爱美而动情、理解而晓理。她主导的情境教育范式被专家誉为"蕴含东方文化智慧的课程范式，回应世界教育改革的中国声音"。

情境教学法是指"在教学中有目的地引入或创设具有一定情绪色彩、以形象为主体的生动具体的场景，促进学生的态度体验，帮助学生理解教材，并使学生心理机能得到发展的"教学方法。情境教学至少包括三个环节，即情境化、去情境化和再情境化，其核心在于激发学生的情感。"去情境化"指剥离具体情境，呈现出抽象物理模型，有利于理性思维的发展。"再情境化"是"情境化"的拓展和深化，通过问题的解决培养学生知识的应用和迁移能力。教学情境是建构物理概念的基础。建构主义教学论对情境教学的地位做了深刻的分析。建构主义教学论认为知识是相对真理，它不能精确地反映客观世界，知识是发展变化的、动态的东西，没有固定不变的知识，知识不能以实体单独存在，它必须存在于具体的、特定的情境之中。

学生在运用知识时要对知识进行再创造和加工，才能迁移到实际的复杂情境之中。因此，知识不能以现成的东西传递给学生，必须在具体情境活动中由学生主动获取，所以采用情境教学符合学生的认知特点。李吉林曾经提到，情境教学指的是在教学的时候，教师有目的地创设一些情境，这些情境带有一定的情绪，它们生动并且形象。这些情境可以使学生对待物理的态度发生改变，能够激发学生自主学习，提高学生的创新思维能力。从这个角度去看，激发学生的求知欲和提高学生的创新思维能力是情境教学的核心。

情境教学从字面上来理解，就是通过创设情境来帮助教师教学，情境主要起到辅助的作用。物理情境就是在教学的过程中，教师为了使学生更好地理解某些物理意义而有目的创设的情境，目的是引起学生的学习兴趣。这些情境具有一定的色彩感和幽默感，使学生不自觉地进入这些具有情绪色彩的情境中能够提高学生的积极性，并且帮助完善学生的心理发展。教师在教学的过程中为了达到某个教学目的而根据课本中的知识所创设出的情境，包括图片、声音等，让学生有种身临其境的感觉，使其从学习态度上先转变，从而更深入地理解教材，激发学生的求知欲。

情境教学法的实施是先进理念指导下的有效教学行为。教师备课是关键，启发质疑是先导，探究交流是主体。教师变教为"诱"，学生变学为"思"，只有将"诱"调到"思"的频率，才能使教与学和谐，从而诱发学生强烈的求知激情，促使其知、情、意、行的协调发展。

情境教学的复杂程度

高考评价体系中的情境活动可以分为两层。第一层是简单的情境活动。此类情境活动中，需要启动的是单一的认知活动，即面对问题时只需要调动某一知识点或某种基本能力便可解决。因此，这类情境测评出的是学生基本的知识和能力水平。第二层是复杂的情境活动。此类情境活动涉及的是复杂的认知活动，主要考查学生综合运用知识和能力应对复杂问题的水平。该类情境活动主要取自国际政治经济、党和国家政策改革、社会发展、历史事实、科技前沿等方面，在考查学生知识和能力的基础上，评价其价值取向，测评其学科素养水平，从而发挥高考评价体系中"价值引领、素养导向、能力为重、知识为基"的作用。高考以生活实践问题情境与学习探索问题情境为载体，回归人类知识生产过程的本源，还原知识应用的实际过程，符合人类知识再生产过程的规律，为解决在当今知识爆炸时代，如何通过考试引领教育回归到培养人、培养学生形成改造世界的实践能力这一重大问题提供了可行的路径。

情境教学是自主探究学习的起源，是培育学生核心素养的重要途径，不仅能开发启迪学生的创新能力，提高学生学习的积极性，促进学生自主进行课外学习以及自主探究学习，还可以促进学生之间以及师生之间的交流，陶冶学生的情操。在探究活动过程中，学生在教师创设的情境的引导下，自主发现问题、探究问题，从而收获解决问题的乐趣，提升解决问题的能力。

情境教学的功能特点

情境要促进主动建构，引发认识的不平衡并帮助生成新的认识。评价物理情境是否得当、有效，既要看其能否激发学生学习的兴趣，还要看其能否促进学生的物理思维，诱发学生积极主动地参与学习，并激发学生内在的物理学习需求。在课堂教学中创设生活情境能使学生在熟悉的情境中自由、轻松地学习物理知识。学生用脑去思维，用眼去观察，用耳去倾听，用嘴去表达，用手去操作，用身体去经历，用心灵去感悟，在最佳的状态中学习。

一、利于培养创造性思维

生命是一种开放性、生成性的存在，人的思维也应该具有开放性、生成性的特点。这是人的能力不断发展的内在机制。思维一旦模式化、格式化，就不可能有创新，能力发展也就停止了。情境教学的主要目的就是激发学生的求知探索欲，帮助学生加深对物理概念的理解，掌握物理实验的操作技能，引导学生的发展，激发学生的创新思维。暗示教学法的创立者洛扎诺夫曾经提出这样一个观点，我们是被生活教育的，也是为了生活才接受教育。当学生处在一定的教学环境中时，这种环境就会对学生产生教育，这些教育作用有的可以被学生感知，有的却是潜移默化中的，教师应该给学生一定的启发，慢慢地影响学生，锻炼学生的创新思维。

在课前引入情境，可以帮助学生更快地进入本堂课的学习氛围中来，与此同时还能够激发学生自己发现问题，利于老师提出本堂课要讲解的课题。在讲解新课的过程中，教师既要把握教材也不应拘泥于教材，围绕教材设置好系列问题，在恰当的环节提出一些与学生的思维契合的讨论点，能够使学生积极主动地与教师进行沟通、交流。

在课堂上使用情境教学可以帮助学生对固有的知识进行再创造。对于一些复杂的知识，学生很难直接理解，这些知识也不是现成的，学生必须自主探究并思考从而获取。情境教学就很符合学生的这一认知特点。就像我们在讲解加速度这个概念的时候，会引入某些教学情境来帮助学生理解这个抽象的概念，因为加速度这个概念比较重要，它是运动学和动力学的桥梁。但是对于高一的学生来说，他们对位移、速度等概念理解得还是不错的，对于加速度这个词可能脑海中只有一个简单的概念，并且极其容易理解错。例如，给出两辆加速度不同的汽车，让学生比较它们在相等时间内速度变化的大小，或者变化的快慢。学生通过对多媒体所展示的真实的例子进行观察，可能会更加容易理解加速度的概念，并且理解为什么要引入加速度这个概念。

二、利于培养学生的终身学习能力

物理概念对于学生来说比较死板，直接给出也不容易接受，但是无论多么难理解的物理概念，它都是从自然界的本质规律以及生活中的现象总结、概括而来的。那么教师就可以设立一些课外的生活情境来帮助学生理解概念，引导学生感知生活中的物理。学生把生活中观察到的物理现象与课堂所学的概念进行结合，然后总结归纳，就可以自主研究一套与实际相关联的学习方式。例如高二的远距离输电，如果有条件的话，教师可以组织学生到就近水力发电站去参观，观察发电机和大坝的位置结构，观察升压变压器以及输电线路、变压站等，回到课堂上后，将理论与实际相结合，教师可以对学生加以引导，让学生在黑板上独立画出输电流程图。由于学生已经去过实地，并且观察过实际情况，他们对电路图的记忆和理解就会变得简单并且深刻。带学生亲身体验、亲眼观察物理现象，不仅能够培养学生的思维能力和自主探究能力，还可以促进学生自主进行课外探究性学习，提高学生在生活中学习物理的兴趣。

三、利于以情动情，陶冶情操

"三寸粉笔，三尺讲台系国运；一颗丹心，一生秉烛铸民魂。"早在春秋时期，孔子就曾简单阐述过陶冶的定义。他倡导"无言之教""里仁为美"。情境教学方法就像是一个过滤的仪器，它可以把学生消极的情绪过滤掉，只留下积极的那一部分，净化学生的情感、感受，使学生更容易感动，更容易被教师调动，积极性更强。

情感既是师生之间融洽沟通的纽带，也是学生学习物理、开启心灵对话的桥梁。陶冶情操指的是对学生的思想意识进行熏陶。苏联教育家苏霍姆林斯基说：情感如同肥沃的土地，知识的种子就播在这个土地上。教学既是"传道、授业、解惑"的认知过程，也是一个陶冶学生情操，引导学生走向正途的情感过程。情境如同"肥沃的土地"，创设情境如同"播种知识"。营造氛围播种知识是进行情感教学的前提，教师应用多种手段创设情境，在大量的物理学史中挖掘情感的因素，借助物理学史中的正能量培养学生正确的价值观和爱国主义情怀，做到以情动情，以情激情。

教师情感可以感染学生，师生情感也是一种重要的情境。学生在从学习知识到形成能力习惯的转化过程中，教师的情感起到极其重要的中介作用，它既像"催化剂"，又像中药的"药引"。如果一名中学生自身修养差，不关心他人，不热爱祖国，即使他的成绩再好，当他步入社会后，其发展也是令人担忧，甚至是可怕的。物理教学要完成教书育人的任务，就必须重视对学生进行情感教育。对学生进行情感教育，教师要以高尚的情怀引导学生，以情动情感染学生，做学生锤炼品格、学习知识、创新思维、奉献祖国的引路人。

总体来说，不论教师设置何种教学情境，使用何种教学模式，都是为了提高学生学习物理的兴趣和效率，帮助学生慢慢克服物理难学这一障碍，调动学生学习物理的积极性。教师不仅可以在新课讲授上进行情境教学，还可以在习题课、复习课中使用情境教学法。在课堂上多设置一些有趣的教学情境，可吸引学生的注意力，让学生自主进行观察及探究，提高教学的效率和学生的创新思维能力。

第二章 情境的分类与情境的创设

学生学习投入的程度是课堂教学质量的关键，要使学生积极投入，其有效手段莫过于创设情境，激发学生的学习动机。情境有很多种，本书只介绍常见的几种物理情境。

常见情境的分类

基于知识应用和产生方式的不同，高考评价体系中的情境可以分为两类。

第一类是"生活实践情境"。一是与大自然中物理相关的现象，如彩虹、日食等；二是与生产生活紧密联系的物理问题，如与体育运动相关的情境（乒乓球、篮球、滑雪）等；三是科技前沿，如国家重大科技工程（载人航天与探月工程、大飞机、北斗导航系统）等。

第二类是"学习探索情境"。一是物理学史问题情境，如概念和规律的产生和发展过程，物理学家探索发现概念和规律的过程和研究方法；二是课程标准和教材中的典型问题情境；三是科学探究的问题情境。

一、生活实践情境

这类情境与日常生活以及生产实践密切相关，考查学生运用所学知识解释生活中的现象、解决生产实践中的问题的能力。本书将生活实践情境分为：自然生活情境和实验情境。按照教学手段进行分类，情境也可以分为语言情境、板书情境、课件情境、投影情境、模型情境、实物情境等。问题情境、语言情境、板书情境、课件情境、投影情境、实验情境都是我们平时上课经常用到的。教师可以在课堂上试着改变原有的情境教学模式，尝试创设新的教学模式、新的教学情境，落实学生学科核心素养的培养。

1. 自然生活情境

杨振宁教授讲：现象是一切物理学的根源。当物理和学生的现实生活密切结合时，物理才是活的、富有生命力的。自然生活情境即以生活原型为主的情境，大自然中的天体运行、舟车交往、江河流淌、风云雨雪等自然生活现象都蕴含了丰富的物理规律。自然生活因其本身的具体化，使学生看得到，摸得着，易于感受，易于理解，将其融入课堂学生学起来会更亲切些。

生活情境来自生活，学生在熟悉的生活情境中更能自由、轻松地学习物理知识，利于在最佳的状态中学习，从而体验到物理离不开生活，物理知识源于生活而最终服务于生活。例如，在讲授光的折射现象时，在一个透明的塑料盒里放一些水，水中竖直放置一块画有一条小鱼的泡沫塑料板，用一条细铁丝当鱼叉，看谁能一下叉中鱼。此情境来自生活，可以发展学生的观察能力、思维能力，从而更易认清事物的本质，帮助学生更好地解决生活中的实际问题。在课堂教学中，我们要联系生活实际，寻找生活中的物理素材，让物理教学更多地联系实际、贴近生活。

总之，让物理与生活结伴同行，要善于在课堂教学中创设生活化的情境，使教材再现生机与活力，使课堂充满个性与灵气，使物理教学更加丰富多彩，让物理因生活更精彩！

2. 实验情境

物理实验是物理研究的起源，是物理研究的重要方法与手段，在培养学生的创新能力和思维能力方面有不可替代的作用。物理实验可以提供直观形象的感性材料，用来创设丰富的情境，使课堂充满趣味性、挑战性、探索性，有效激起学生的好奇心和求知欲。

实验教学常被忽视，不少教师开展实验时操作机械，内容单调无新意，使多数学生感到"实验只是看热闹，走过场"，领悟不到实验的真正魅力，更起不到实验教学激发和强化学生探究动机，或教给学生科学的研究方法，让学生养成良好的思维习惯的特有功能。基于实验情境的物理教学应以实验教学过程为主线，以问题为导向，力求实验与思维有机结合，使学生始终处于不断探索的情境之中，使学生在课堂上完整、清晰、形象地感知物理现象，把抽象的物理问题形象直观化，激发学生学习物理的兴趣，降低教学难度，从而化解知识难点，提高学生的核心素养。

创设新颖的实验情境，探寻实验新途径，可以激发学生的链式思考，有效培养学生的创新思维和科学探究能力。物理教学中不论是演示实验还是学生实验，一般都不局限于一种方法。比如测电源电动势就有很多方法，能使学生思维的灵活性、发散性及独创性得到培养和提高。教师引导学生通过对实验的观察、研究和分析去思考问题、探索问题，学生在观察实验现象、获取实验数据后进行分析评估，在逻辑推理中提升自己的科学探究能力。

二、学习探索情境

这类情境源于真实的研究过程或实际的探索过程，涵盖学习探索与科学探究过程中所涉及的问题。学生在解决这类情境中的问题时，必须启动已有知识开展智力活动，同时在解决问题的过程中运用创新的思维方式。

1. 问题情境

学习探索情境常以问题情境的形式出现。问题是点燃学生思维的火种，是展开合作交流的导火索。教学设计其实就是问题设计，即设计有效问题。学生学习知识的过程与科学家认识自然的过程有许多相似之处，他们要获取的东西对他们来说都是未知的，他们需要获取各种各样的信息，并进行思维加工，对问题进行探索。因此，发现问题和提出问题在知识形成的过程中是不可缺少的重要环节。重视问题的提出就是重视知识获得的过程。因此，重视问题的提出和问题情境的创设也是情境教学最基本的特征之一。

在物理教学中，问题的作用主要表现在以下两个方面。首先，问题是促进学习的动力。问题会使学生陷入困境，进而寻求问题的解答，摆脱问题的困扰，这将会激起学生认识自然、理解自然的强烈愿望，给学生的认识活动产生极大的动力。正如哲学家卡尔·波普尔所说的："正是问题激发我们去学习，去发展知识，去实验，去观察。"其次，问题能激励学生的思维。创造性思维起始于对困难或问题的认识，是围绕着解决问题而进行的，问题是思维的起点。此外，在教学中，问题还能引起学生的兴趣及集中学生的注意力，为教学活动的成功进行创造良好的氛围。

物理现象或规律的探究往往要通过设置问题串，创设由浅入深、由表象到本质的问题序列，激发学生的链式思考，锻炼学生思维的逻辑性与敏捷性，帮助学生建构物理观念，引导学生攀登新知识的阶梯。问题串与系列的追问是密切联系的。问题串追问常有以下形式：联系追问、因果追问、核心概念追问、素养追问等。联系追问的目的是将物理习题情境与相关物理知识、原理做直接的连接，使"物"与"理"建立明确的联系纽带。牛顿说过，物理学就是探寻自然界之间的因果关系。因此，因果追问就是对物理观念展开因果关系的探究，通过追问因果关系来追寻环节间存在的必然逻辑，进而探究出"物"与"理"之间确定的因果关系。因果追问之后，个体获得"物"与"理"之间的因果关系，但这种关系是碎片化的结构，概念与概念之间相对隔离，不能形成有效的关联，也就不能形成整体性的理解，只有把这些孤立的概念放到一个概念体系之中，探明各个概念之间的关系，才能赋予个体概念的宏观视野，理解概念间的关联与内在联系，找到概念体系的核心，进而从整体上建立起物理观念。所以核心概念追问就是围绕着概念核心，将相关的问题紧紧混入其中展开追问，帮助个体在一个完整的概念体系内进一步理解概念的内涵。素养追问，也称为学科思想追问，即让个体站在学科的视野下对物理进行审视，对物理而言，就是站在物理学科的高度，从物理专业的界定、内涵、方法、思想方式乃至物理认知发展史的层面对物理现象进行剖析、审视、评判。

教学实践证明，合理地创设物理问题情境能在课堂教学中更好地达成教与学同步和师生情感共鸣，使学生在学习过程中从认知的需要上升到情感需要，极大地发挥学生的主体作用。

2. 想象情境

创造性思维所具有的最基本的特征是想象力，是直觉思维能力，是猜测、转换、构建等能力。想象情境是一种虚拟的情境，是通过学生的想象活动，在已经获得经验的基础上，将表象重新加以组合的情境。它虽不像实体情境那样看得见，摸得着，但它的意象却比实体情境更广远，更富有感情色彩。学生的情绪往往在想象情境中高涨，想象力也随之而发展。当然想象情境往往要借助实体情境、语表情境或问题情境，作为想象的契机。比如电影《流浪地球》，里面很多场景就是典型的想象情境。因为所有这些，学生并不能亲眼见到，只是将有关表象重新组合成新形象而构成。

空间想象也是物理学习的重要形式，对于涉及三维空间的问题，我们要进行降维处理，即把空间问题转换为平面问题，提高处理空间问题的能力。物理教学中常涉及空间想象问题，比如左右手定则、带电粒子在复合场中的运动等问题。

想象与推理也是密不可分的。探究物理规律时，常常运用到推理情境。推理情境总是伴随着形象进入分析，推导事物的有序状态，通常以核心问题串形式出现。推理情境可以帮助学生从具体到抽象，从个别到一般去深入地认识事物的本质。

物理模型是人们综合运用形象思维和抽象思维，把"物"和"理"有机结合起来，发挥想象力所创造出来的产物。没有想象就没有知识的创新。任何科学技术生成的重要元素都是人的想象，包含很多情感。在物理教学中，各种情境的灵活融合，更能培养学生的学科素养，促进思维的提升。

情境创设的特点及要求

在教学实践中，常常出现这样的教学情境现象：有的生活味浓了，物理味淡了；有的直观演示多了，物理思考少了……给人的感觉是为情境创设而创设，是一种虚假的生活化、趣味化的强化创设。这样只会使情境成为课堂的一种摆设和点缀，并不能真正诱发学生的思维。

基于已有的实证调研和文献分析研究结果，高考通过设置不同层级的情境活动来考查学生在"四层"内容上的表现水平。不同学科的情境活动不同，同一类型的情境也存在层级差异。命制试题时要根据学科的特点，选择不同的情境，发挥不同水平必备知识、关键能力和学科素养的功能，共同实现核心价值的引领作用。同时，由于情境活动不同，情境与"四翼"也存在一定的对应关系。简单的情境活动即考查基本知识和能力水平的情境活动，主要对应"四翼"中的基础性要求，也包括一定程度的应用性和综合性要求。复杂的情境活动主要考查学生应对生活实践问题情境与学习探索问题情境的综合素质，即在核心价值引领下综合运用知识和能力的水平，体现了考查的"综合性""应用性"与"创新性"。

一、情境创设的特点

1. 基础性：高考强调基础扎实

基础性考查内容：构成学科素养基础的必备知识和关键能力；考查载体：基本层面的问题情境；基于情境活动的命题要求：要求学生调动单一的知识和技能解决问题。

对于即将进入高等学校的学习者来说，他们应当为继续发展打下坚实牢固的地基。在广阔的学科领域，高考关注各学科中的主干内容，关注学习者在未来的生活、学习和工作中所必须具备、不可或缺的知识、能力和素养。因此，高考要求学生对基础部分内容的掌握必须扎实牢靠。高考试卷中应包含一定比例的基础性试题，引导学生打牢知识基础。例如，物理学科的基础性内容包括牛顿运动定律、万有引力定律、机械能守恒定律、动量守恒定律、磁场和电磁感应、光的反射和折射等，这些基础性内容在试题命制中必须尽量涵盖。

2. 综合性：高考强调融会贯通

综合性考查内容：必备知识，关键能力，学科素养，核心价值；考查载体：综合层面的问题情境；基于情境活动的命题要求：要求学生在正确的思想观念引领下，综合应用多种知识或技能解决问题。

素质教育是内涵丰富的全面发展教育。高考要求学生能够触类旁通、融会贯通，既包括同一层面、横向的交互融合，也包括不同层面之间、纵向的融会贯通。以必备知识为例，各个知识点之间不是割裂的，而是处于整体知识网络之中。必备知识与关键能力、学科素养、核心价值之间紧密相连，形成具有内在逻辑关系的整体网络；基础知识内容之间、模块内容之间、学科内容之间也应相互关联、交织成网。在命制试题时，要从研究对象或事物的整体性、完整性出发，不仅要从学科内容上进行融合，突显对复合能力的要求，也要在试题呈现形式上丰富多样，从而实现对学生素质综合全面的考查。例如，设计一道关于某工厂选址的试题，就要综合考虑气候特点、环境保护、地方资源、人力资源、专业技术、国家政策等多方面因素。这就会涉及地理、生物、化学、政治等不同学科的内容，体现了高考在核心价值引领下对知识的交叉、能力的复合、素养的融合的全方位考查。

3. 应用性：高考强调学以致用

应用性考查内容：必备知识，关键能力，学科素养，核心价值；考查载体：生活实践问题情境或学习探索问题情境；基于情境活动的命题要求：要求学生在正确的思想观念引领下，综合应用多种知识或技能解决生活实践中的应用性问题。

在命题时应坚持理论联系实际的原则，使用贴近时代、贴近社会、贴近生活的素材，选取日常生活、工业生产、国家发展、社会进步中的实际问题，考查学生运用知识、能力和素养解决实际问题的能力，让学生充分感受到课堂所学内容中蕴含的应用价值。

4. 创新性：高考强调创新意识和创新思维

创新性考查内容：必备知识，关键能力，学科素养，核心价值；考查载体：开放性的生活实践问题情境或学习探索问题情境；基于情境活动的命题要求：要求学生在正确思想观念引领下，在开放性的综合情境中创造性地解决问题，形成创造性的结果或结论。

高考关注与创新密切相关的能力和素养，比如独立思考能力、发散思维、逆向思维等，考查学生敏锐发觉旧事物缺陷、捕捉新事物萌芽的能力，考查学生进行新颖的推测和设想并周密论证的能力，考查学生探索新方法、积极主动解决问题的能力，鼓励学生摆脱思维定式的束缚，勇于大胆创新。因此，高考试题应合理呈现情境，设置新颖的试题呈现方式和设问方式，促使学生主动思考，善于发现新问题、找到新规律、得出新结论。

总体而言，在学科核心素养教学中，情境设计能力是每位教师必须具备的核心专业素养。要提升教师的情境设计能力，需要从三个方面着手：设计出好情境，区分情境的复杂程度，对情境进行结构化处理。学科核心素养实际上就是一种把所学的学科知识和技能迁移到真实生活情境中的能力和品格。在未来的素养教学中，情境设计能力是每位教师都必须具备的核心教学专业素养。

二、情境创设的要求

那么，我们怎样才能有效地创设物理教学中的情境呢？"境"是一种物质的存在，"情"是一种精神的烘托，只有有"情"之境才能使物质因素有情感色彩。因此，当"情"与"境"相互交融，"情境"也就形成了。物理教学中的情境应该将"物质"和"精神"融为一体，形成融洽、和谐、温馨的教学氛围，激发学生的学习兴趣和热情，进而以趣激思，以疑获知，引导学生探求物理知识的奥妙。

1. 情境创设要贴近生活

在教学实践中，把情境创设等同于情境的生活化，一味追求物理与生活的联系，可能会导致学生的生活被人为地拓展和提升，甚至被成人化，从而阻碍情境内在物理信息的功能发挥。由于情境中的生活背景与学生的知识经验不能进行有效的"对接"，这必然给学生人为设置了一种信息障碍，进而影响和制约学生对情境内在物理条件的观察、质疑和思考。

情境应贴近学生的生活，因为物理源于生活，生活是学习物理现实的重要源泉。这意味着，物理教学中的情境创设是一种基于特定学习目标和学习内容的需要，以学生的经验为着力点，以物理初始条件的创设和生活素材的选取为主要环节的信息加工过程。它不仅为学生提供一个主动参与物理活动的经验平台，也架设了一座联系"物理"与"生活"的桥梁。

情境创设的目的在于促进学生意义建构的主动发生。由于学生已有的生活经验和物理知识是其物理现实的基本构成，因此，在情境创设中，选取一些与学生生活经验有关的题材，其教育意义是明显的。然而，这种生活情境只是众多不同种类的情境中的一种，关注学生的现实生活并不意味着情境的生活化。事实上，随着学生身心的不断发展及物理学习内容的抽象性不断增加，教师创设的情境可能更多地立足于物理本身以及物理与其他学科之间的联系。

2. 情境创设是创造性行为

"情境创设"不能简单地等同于"情境设置"，它不仅仅是情境的生活化、情境的趣味化。有效创设情境是一门创造性学问。在物理教学实践中，我们要抓住情境的本质特征创设情境，让学生的思维处于爬坡的状态。

要从学科教学向学科智慧转变，培养创新型人才，就需要让学生在新颖的情境下，去思考解决问题。课堂上不仅要创设智慧型情境让学生学会"独立思考、探索实践"，更要在创设情境时处理好宽泛性与定向性、探索性与高效性之间的关系，使教学不仅是有效的，还是高效的，让学生在解决问题过程中提升个人的科学素养和情感素养。

"创设"与"设置"是近义词，但是，两者的差异也是十分明显的：前者预设了对教师创造性行为的要求，而后者却不包含此义。"创设"意味着教师的创造和精心设计，其目的在于激发学生的问题意识和探究意识。而"设置"可能意味着教师提供的只是一种现成的、未经过加工的情境，其中并不含有激发学生问题意识和探究意识的价值预设。

比如：怎样创造性地处理教材呢？如果课堂上只是把陈述教材的某种现象当作情境设置的话，则不利于激发学生的思维。但如果我们同时依据教材内容创造性地选择教学方法，从教材内容实际出发，按照"以学定教"的理念，从学生的心理发展特征和能力基础出发，依据教材内容创造性地运用多种教学方法来激活学生的大脑，在众多教学方法中进行比较选择，提炼出适合学生特征的教学方法，这就是一种情境的创设。再比如：在平常教学中如何灵活地融合演示实验与分组实验，也是一门创造性学问，大胆地改进实验有时会产生意想不到的教学效果。

可见，情境创设要让学生经历探索知识的学习过程：观察、探究、猜想、证明，不仅使学生在知识的主动建构中，通过对知识的理解、发现与生成，体验知识的"再创造"过程，而且情境创设自身也成为一种基本的教学要求。

3. 情境创设要选择情节，激发内驱

什么样的情节内容会使学生感兴趣、爱思考呢？这需要根据不同年龄段的学生来确定。低年级的学生更多地关注"有趣、好玩、新奇"的事物，像童话故事、动画故事的情境都是他们主要感兴趣的对象，所以低年级教学中的情境创设可以突出故事性，将问题镶嵌在故事情境中。而中、高年级的学生开始对"有用"的物理更感兴趣，所以应该尽可能选择一些现实生活中的事例，以现实生活中真实故事的形式呈现，追求一种"在情境中生成物理，寓物理问题于真实的情境中"的教学境界。

情境创设的切入点

新课程提倡在物理教学中创设生活情境引导学生自觉建模，但生活中信息量大，如果教师提问指向不明，就会使学生多元误读，生成一些毫无意义的东西。因此，教师在创设情境时必须处理好宽泛性与定向性、探索性与高效性之间的关系。只有处理好这两者之间的关系才能使教学不仅是有效的，还是高效的。

为情境创设而创设，浅层的生活化、趣味化的强化创设只会使情境成为课堂的一种摆设和点缀，使教学陷入片面化、低效化的误区。那么，我们应怎样把握物理教学中情境创设的切入点呢？

一、在情境中生成物理，寓物理问题于真实的情境中

初中的学生更多地关注"有趣、好玩、新奇"的事物，像魔术表演性的生活实验、物理学史故事的情境都是他们主要感兴趣的对象，所以初中物理教学中的情境创设可以突出"有趣、好玩、新奇"，将问题镶嵌在生活真实情境或故事情境中。而高中阶段的学生更加关注对生活"有用"的物理情境，所以应该尽可能选择一些身边日常生活中的事例，以现实生活中真实场景的形式呈现，追求一种"情境融合，以情诱思"的教学境界，从而在情境中生成物理，寓物理问题于真实的情境中。

二、设置冲突建立挑战，诱发深度学习

有趣的情节能激发学生的兴趣，但这种兴趣往往是浅层次的，是一种短暂的新鲜和好奇。心理学研究表明：每个人都有填补认知空缺、解决认知失衡的本能，所以创设情境要利用这一点，促使学生在物理学习中产生不和谐的心理

状态和解决问题的心理需求，诱发学生对物理问题做出主动反应。创设情境，设置合理的认知冲突会激发学生产生深层次的兴趣——探究的欲望。

实践证明，那些不需要经过学生思考或思考价值含量极低的问题，哪怕用再绚丽的画面来点缀装饰，也无法点燃学生心中的探究欲望之火，自然也就称不上真正意义上的情境创设，而且在一定程度上还可能成为分散学生思维的干扰因素，产生负面影响。所以情境是否有效，不在于氛围营造得简洁华丽之别，不在于问题提供方式的差异，而应归结为有无刺激和是否能引起学生的主动反应，并进入一种"心求通而未得"的心理境界。

第三章　物理情思教学

情境教学与高中物理的融合

　　联系生活学物理是物理课程标准的基本理念，也是物理教学的重要途径。我们应该致力于使引入、探究、体验的教学环节与生活有机地结合起来，达到生活材料物理化，物理教学情境化，构建既有思维的深度，也充满情味的物理课堂，让物理与生活结伴同行。我们也应让学生在具体的生活情境中，以自己过去已有的经验为基础，以自己独特的方式进行知识的建构。正如冰心所说："让孩子像野草一样自由生长。"即让学生在生活化的情境中有自由探究的空间、自由摸索的时间、自由发挥的舞台、自由展示的天地，使他们的潜能得到开发、个性得到张扬、创新意识得到培养。只有善于在课堂教学中创设多样化的情境，才能使教材再现生机与活力，才能使课堂充满个性与灵气，才能使物理教学更加丰富多彩，才能让物理因生活更精彩！

　　人文和科学是人类认识世界的一对明亮的眼睛，它们的和谐统一，将能促进学习者身体和心灵的和谐、健康发展。物理概念规律的再现或重构都需要创设一定的情境，本章探讨将情境教学与中学物理有效融合起来，把固有的物理知识与活的情境结合在一起，让物理充满思维的深度和浓浓的情味。这样我们就将物理丰富为"情思物理"。情思物理包含了科学（自然情境）与人文（情怀情感）两部分，把蕴含在物理学中的人文因素挖掘出来，运用物理学科的思维特点，充分发挥其育人功能。

著名物理学家英费尔德说："当你领略一个出色公式时，你会得到同听巴赫的乐曲一样的感受。"物理学的发展史就是追求美的历史。良好的审美情怀有助于学生追求真理，教师应以物理特有的审美情怀来激发学生的学习热情，调动一切非智力因素引导学生思考物理现象之美。物理情思教学就是将物理科学文化知识和其中蕴含的情感艺术相结合，让物理学科教学走向一个新的境界，也进一步揭示了文化教学的新内涵。情思教学引导学生从学科知识的点的理解，到审美的享受。情思教学的学习任务，既展示了现代科学的观念和方法，还展示了其目标是培养个性。情思教学通过设置情境，有意识地达成动态和静态的统一，在和谐的环境中学习，学生可以从精神到物质，提高认知水平。情思教学使学习者在教育方面获得知、情、意、行的科学素养。所以说，情思教学是美，是真实。

高中阶段是人格塑造的关键时期。这个时期可以使学生的认识能力增强，思维水平提高。高中的学生在观察和记忆上的能力会增强，不再是初中阶段的死记硬背，而是理解性记忆，这样的记忆方式对学生而言是占很大优势的。学生的思维空间加大，想象力增强，能够围绕主题概念进行丰富的联想。高中生的逻辑思维也开始整合，能够在一定程度上进行科学探究，智力得到良好的开发。在高中阶段，学生一般会变得比较独立，并且有的学生的批判性思维也增强，不信任别人的结论，喜欢独立思考，或者与别人讨论、争论，如果有不同的观点时，对方必须拿出有力证据才能够说服自己，否则不会轻易改变自己的观点和意见。学生得出结论也不再简单地从经验出发，而是通过理性来思考问题。想象力和创造力对于高中生而言也比较重要。

物理本身就是一门源自生活和自然的科学。教师也可以根据本堂课的内容合理地安排一些课外活动，组织学生积极参加课外活动，这样不仅可以提高学生的学习兴趣，还可以锻炼学生的实践能力。在创设教学情境之前教师不但要了解学生的整体特点，还要抓住教学内容的重点，把二者结合起来，创设有助于课堂的教学情境。教师要提前写好情境设计部分，最好是有完整的教学过程设计，这样会更加有利。情境教学模式的使用可以改善物理学科内容繁杂、不好记忆、不好理解的现状，提高学生的学习效率，加强学生的逻辑思维的锻炼以及探索精神的激发，还可以为学生以及教师打造一个活跃的课堂，增强师生间的交流互动。

物理情思教学四环节

新课标要求，情境设计能力是每位教师必须具备的核心专业素养。这意味着学生的学习应该在一个又一个基于真实生活情境的主题或项目中通过体验、探究、发现来建构自己的知识，发展自己的能力，养成自己的品格。因此，发展核心素养的学习是人和真实生活情境之间持续而有意义的互动。

情境设计能力有三个关键组成部分：设计出好情境的能力、设计复杂程度不等的情境的能力、情境结构化处理的能力。情思物理教学的情境应穿梭于整个活动中，把"情境"作为一个整体，巧妙地协调认知和情感。情思教学也应是"基于问题"展开的。学习者的认知冲突能够刺激其大胆地猜想和主动活跃地思考，引发学生强烈的问题觉悟，促进学生发现并提出相应的物理问题。所以说情思教学是以问题为中心的。

基于以上分析，我们将情思教学的基本构成环节分为四个方面：①创设情境，以情诱思；②剖析情境，以问激思；③情境交融，探究建构；④情境再创，迁移提升。

一、创设情境，以情诱思

情思教学吸引学习者的关键是诱发学生的学习动机和激发学生迎接挑战，并能够使学生保持学习兴趣。由于长期应试教育的影响，所谓兴趣在学生看来已经不再是最好的老师了，开始有一部分学生觉得自己还是有学习物理的天赋的，但后来感觉到高中物理明显很难学，这样一来，越来越多的学生不再主动学习物理。如果学习者在学习中被动已经明显超过了主动、强迫感明显超过了自愿，那后果是很可怕的。而学习的主动性都是在一定的情境下才激发和发展起来的。因此，创设情境，诱发动机是情境教学的首要环节。

二、剖析情境，以问激思

教学本质就是要能用问题引发学生思考，启发学生在解决问题的过程中掌握学科知识，形成学科思想方法和能力，发展学科素养。孔子说过：不愤不启，不悱不发。这里的"愤悱"状态，就是认知过程中的困惑表现。有意识地去制造这种困惑（即问题）能很好地激发学生的认知兴趣和求知欲望。正所谓兴趣永远是最好的老师。而制造问题是有要求的，需要注意的事项如下：内容要紧扣教材；切合学生实际；问题要小而具体；问题要有适当的难度；问题要富有启发性。这样的问题才能引导学生积极地进入情境，并使其主动参与实践，主动参与"问题解决"。

良好的情境能够引起学生强烈的好奇心和发现，学生通过自身水平的认知和情境冲突，获得寻求物理现象和物理知识的欲望。学生在一定的场景中获取新的信息、发现新的问题，然后收集信息、制订计划，进行必要的研究、整理和归纳。解决问题的整个过程中每个问题都是学生思想汇集的中心和重点。

三、情境交融，探究建构

建构主义强调，学习的实质是积极主动的建构过程。学习者个体具有运用过去的知识经验进行推论的潜能。学习不是被动地将知识由外向内转移，而是主动地对外部信息或符号进行选择和加工，所以强化情境更加有利于意义建构。

在情境探究的过程中一定要真正确保学生的主体地位，而这一点，在实施的过程中，往往很难实现。教师总是习惯性地就占了主导。所以教师应该进行适时而必要的，谨慎而有效的指导，使学生在探究过程中真正有所收获。新课改之后，教师的作用也有了新的深层的含义。教师的职责不仅在于"教"，更重要的是如何更好地指导学习者去自己"学"。教师不能仅仅满足于学生"学会"，更重要的是引导学生"会学"。所以教师要尽可能地去创造一定的条件和环境氛围，提供一定的辅助材料，学习者通过多种器官的感受和体验，进而去探究知识的形成过程，这样就可以很好地培养学生分析问题和解决实际问题的能力。

四、情境再创，迁移提升

对情境设计进行评价要注意，教师设计的情境，有没有注意到学生已有的知识，能否激起学生的认知冲突，能否指引学生进行意义建构。从"真实性、激励性、趣味性、互动性、问题性、适用性和多样性"等几方面给出评价，可以使教师不断地改进教学设计，优化教学过程，进而改善和提高教学效果。另一方面，学生自评长期积累下去可以有效地提高学生的学习能力和思维水平。

教学设计研究是教师专业成长的得力抓手。教学设计的本质就是研究如何把教材内容按学生的认知规律"导出来"。从教学理念上来看，情思教学是以学生为主体的教学活动，它强调学生的独立人格和意识。从教学行为的角度来看，情思教学从各种渠道去建设学习者的主体地位，创造有利的条件，帮助学生成为学习的主体，符合新课程理念，利于培养创新人才。

第四章　高中物理情思教学的实施策略与途径

情思教学实施策略

围绕学科素养，我们从教学设计中寻找教学存在的问题及其原因，通过对学科内容本质的认识来反思教学。对教学设计的追问：①教学内容的核心和本质抓住了吗？②教学目标的制定和达成情况如何？③学生发现、提出、分析、解决问题了吗？④学生思考力水平保持得怎么样？⑤老师对学生的思想方法了解吗？⑥学生存在的问题是什么？⑦教学应该关注什么核心素养？效果如何？围绕以上追问，我们对情思教学提出了以下教学策略。

一、真实性策略

核心素养的教学强调要有真实的学科过程。建构主义主张注重情境的真实性，认为学生能够应用课堂所学的知识解决真实世界中存在的问题时，才说明这种教学是有效的。

真实性策略是指在课上教师创设的情境是真实的，是客观存在的，不是妄想的，这种客观的感知已经存于大脑里。如果教师在课堂上创设的教学情境不真实，和生活相差比较大，与学生的认知也不符，这样很难帮助学生建立有意义的学习，对学生也就起不到什么作用了，学生只能得到生硬的、肤浅的理解。学生在使用这部分所学时，就会感到困难，所以创设物理情境时，真实性是比较重要的基础原则。真实的情境不仅最靠近学生的生活，能够引起学生的共鸣，调动学生的全部感受，还可以在真实的情境的基础上提出具有挑战性的问题。真实的情境具有真实、生动、丰富的特性，学生在这样的情境中学习和思考，就会很容易把新的知识捋顺，并且重新进行组建，把它们变成自己的知识。教师应把抽象的、不好理解的、全理论性的知识变成真实的生活或者实验情境。教师在课堂上利用的物理实验，还有一些实际生活中的问题，一般都是真实的。

设计真实的学科过程情境要把握好三个要素：①事实，与教学有关的实际现象、其他学科现象、同学科现象及各种现象之间的本质联系；②素材，与教学内容有关的本学科知识、其他学科知识的提炼与取舍，信息技术等工具的巧妙运用；③问题，基于事实和素材结合学生的学情设计好问题串。

二、激励性策略

激励性的本质就是认知驱动力。情境教学的激励性策略是指所创设的教学情境应该能激发学生继续学习的主动性、激发学生的潜能。高中物理对于学生来说不仅概念公式特别多，还比较难懂，逻辑性特别强，问题比较烦琐，通常情况下，一道物理题都比较长，如果教师采用情境教学法进行教学，并且所建立的教学情境具有比较强的激励性，就更容易激发学生的积极性，就可以转变学生的学习观念，把"我应该学"转换成"我想学"。如果教师创设的情境具有激励性的话，不仅可以提高学生的积极性，还可以增强学生的满足感，让学生觉得学习物理有成就感。

三、趣味性策略

爱因斯坦认为成功的教育在于激发学生的兴趣，兴趣是学生学习与研究的直接动力。学生对具有趣味性的事情会很感兴趣，所以教师在创设情境时，可以尽量使情境具有趣味性，和生活中的情境相关联，具有变化性，具有新的刺激性，出其不意地提出新的问题，创设有创新性的情境。多媒体的使用和情境内容也应该具有趣味性，让学生觉得好像每次进入一个教学情境，就有一种新的感受和体验，会发现新的问题。这些具有创造性的新的教学情境可以激发学生的认知冲突，唤醒学生的积极性和求知欲。

在物理教学中，根据学生的身心发展特点，创设一些具有挑战性和趣味性的情境是十分必要的。比如，现行教材中就出现了大量的主题情境图。然而，"趣味化"与"趣味性"的一字之差，却折射出情境创设者对"情境"本质的两种截然不同的认识。进一步说，情境的趣味化意味着对情境所具有的趣味性过于关注，因此，不可避免地带有"去"物理的行为倾向。情境的趣味化虽然导致的可能是淡化物理特征，但是，它也有合理的一面，即表现出对学生学习情感的关注。事实上，把情境创设等同于情境的趣味化，这种现象的产生大多是由于教师对情境的趣味性与物理特征之间关系的把握失衡所致。

因此，根据学生的学习目标与学习内容的特定需要，把握好情境的趣味性与其内在物理特征的基本关系，这对情境功能的有效发挥是十分重要的。

四、互动性策略

教学情境的互动性是指，教师和学生之间，学生和学生之间，情境和师生之间的互动，体现了一种感化和融合。师生之间的互动指的是感知上的交换，而情境与学生之间的互动是指利用情境激发学生的学习动机。学生对情境中的内容进行感知、重组，以达到新的认识。教师在进行情境创设后，每个学生都有自己的理解和看法，当然就会有不同的感受，并且他们的分析途径和理解能力也不同，教师在创设情境的时候要注意。例如在讲解失重这一部分内容时，可以创设一个情境：把一个装有水的塑料瓶，下端开一个小口，把它从静止释放，如果用我们的理论知识进行解释，那么水不会流出来。学生在做实验的时候发现，这个小情境时间太短，可能会导致现象看不清楚，学生不想应付自己，所以站到了更高的地方进行实验，相比于之前的情况，肯定效果更好，学生能够想到如何去解决问题，说明他们已经进入了情境，和情境进行了互动，充分地体现了情境的互动性。

五、问题性策略

问题引导教学的关键是保持学生思考力水平不下降。问题性策略是指在创设问题情境时，应该体现教学的目标性。问题是思考的起因，是教师了解学生存在的认知困难，然后想办法帮助学生解决这部分困难而提出的。帮助解决学生问题的同时，教师也可以达到自己的教学目的。只有发现问题，学生才会思考，经过思考后，才能得到答案。在高中物理教学中，教师应该牢牢把握住每堂课的重点，不要跑题，明确教学目标，所提出的问题也要问到点子上，要结合教学过程中存在的重难点，并且这些问题要清楚正确，不能模棱两可。教师在创设问题情境时还要注意，所创设的问题情境要有层次，可以把一个比较复杂又有难度的问题分割开来，变成几个层层递进的小问题，还要考虑到学生知识水平的差异。教师应该结合学生的实际情况创设情境，对不同程度的学生都能够产生问题刺激，引导学生积极主动地进行思考和探究，从而获得新的知识。

创设的物理问题情境，还要适合学生，符合学生的认知特点，并且切合实际，满足教学目标的需要。那么在设计情境的时候，教师除了要考虑教学内容以外，还应该多关注学生，看这个情境是否适合学生，能不能提高学生的主动性。在教学时，情境有很多种，哪怕是同一情境，也有不同的表达方式，教师可以创设不同的情境，但是要以学生适应最佳为目的。例如在学习超重失重的时候，可以让学生坐到电梯里，学生手拿一个弹簧秤，下面拴一个重物，在电梯运行、启动的时候，观察弹簧秤的示数变化，学生经过观察、思考和总结，得出结论。这样不仅可以让学生亲身体会到超重失重，还能亲眼看到，这种方法明显更适合学生，更符合学生的认知感受。学生自身能够感知的情境，都比较有说服力，更直观、直接，学生对实际情境所产生的感官刺激更加敏感，这样的情境创设也更适合学生，能够取得更好的效果。

高中物理情思教学的实施途径

高中物理学科的核心素养包括四个维度：物理观念，科学思维，科学探究，科学态度和责任。培育核心素养的教学要求把学生的身心健康作为首要目标，着力培养学生终身学习的能力，为学生走向社会打下坚实的基础。教学要在知识建构的过程中下功夫，充分发挥高中物理课程在人的发展中的作用，努力通过物理课程的学习培养学生的核心素养。

一、应用多彩的生活物理诱发学生的科学思维

生活化情境是指教师利用生活中的真实现象，应用多种技术创设的激发学生问题意识和探究欲望的教学环境，可以培养学生的科学思维和科学探究能力。在物理课堂教学中创设具有趣、异、疑特征的小而具体、新而有趣、有适当难度的生活化情境，可使学生感到物理就在生活中，激发学生的科学思维，增强学生学习的内驱力，促使学生围绕自己身边的问题展开探究，提高学生物理学科核心素养。

建构主义认为，学习者与学习发生的情境紧密相连，学生的学习本质就是借助学习情境的帮助，实现学习者对知识意义的主动建构。创设生活化情境，能使学习者在真实的问题情境中进行自主探索和自主学习，从而获得认识、感悟，促进学生对知识的主动建构。建构主义理论为开展本课题的研究提供了理论基础。我国教育家陶行知先生的"生活教育"理论，其主旨就是"生活即教育"，它为我们指明了物理教学活动的方向，这种观念指导下的生活化情境教学向学生表明：物理就在你的身边，生活需要物理，物理与每个人的生活息息相关，同时为学生创造了一条将物理知识应用于实践的通道。

在物理教学中，我们发现学生的学习与生活实际的联系不太紧密，阻碍着

学生自主、投入地学习。究其原因，一是教材与学生的生活实际有距离，与学生的实践运用有距离。二是学生对生活环境中的物理现象不太注意观察，问题意识较弱，找不到适合自己的探究内容。三是学生学习知识时不能很好地联系生活实际，应用学到的知识去解释周围环境中的物理现象的意识、能力较为薄弱，习惯于教师给出答案。

情思物理的教学倡导密切教学内容与学生现实生活的关系。如何让学生把所学的知识与生活实际建立联系呢？这是我们需要思考的问题。新的物理课程标准和物理教材竭力寻找与学生生活相关的实例，让物理从生活情境中走来，有目的地将物理情境问题提炼出来，再将物理知识回归生活，既能让学生感受生活化的物理，用物理眼光看待周围的生活，增强学生生活中的物理意识，又有利于发掘每个学生自主学习的潜能，这无疑是提高学生学习物理积极性的"活力源泉"。课堂教学中创设小而具体、新颖有趣、有适当难度的生活化情境，能使他们体会到物理其实就在身边，有利于激发学生学习物理的积极性。

1. 生活化情境的要素

创设生活化情境有利于揭示事物的矛盾或引起学生主体内心的冲突，打破学生已有的认知结构的平衡状态，从而唤起思维，激发内驱力，使学生进入问题者的角色，真正卷入学习活动中，达到掌握知识、训练创新思维的目的。针对中学生的心理特点，结合生活实际，我们在创设生活化情境时要注重"趣""异""疑"。

（1）趣：是指创设的生活化情境富有趣味，可引发学生探究问题的兴趣。物理课要有趣味，这是人们的共识，因为有趣味是学生热爱学习的重要因素之一，创设有"趣"的生活化情境容易造成良好的心理态势和思维环境，激发学生的求知欲望，使学生趣味十足地积极开动脑筋去思索，去探求。

（2）异：是指创设的生活化情境与学生原来认识的事物表面现象产生差异。创设有"异"的生活化情境可以打破学生已有的认知结构的平衡状态，从而唤起思维，激发学生学习的内驱力。

（3）疑：是指创设的生活化情境使学生思维中出现疑问。"学起于思，思源于疑"，问题是探索的源泉，创设有"疑"的生活化情境可以激发学生的探索欲望。

2. 创设生活化情境的方法

（1）阶梯法：在学生运用已有知识难以理解有关问题时，将问题化整为零，层层深入设置一系列问题的教育情境，提高学生的问题指向性。如讲速度概念时，首先让学生比较生活中看到的汽车、拖拉机、自行车的运动快慢，然后让学生分析运动会上的100米赛跑，得出比较物体运动快慢的两种方法，最后让学生用比值法得出速度的定义。

（2）重组法：将原来几个单独的情境进行组合，使呈现的情境具有挑战性，激发学生的探究欲望。如在演示水是热的不良导体的实验中，重组这样一个情境：在原来装水的试管底部放一条小鱼，然后用酒精灯对试管上部的水加热，当上部水已沸腾了，下部水中的小鱼却安然无恙。现象出乎学生的意料之外，激发了学生探究问题的欲望。

（3）虚拟法：利用多媒体技术创设生活化情境，使学生围绕虚拟情境中的问题展开探究。如在解释惯性现象时，播放模拟车祸的多媒体课件让学生讨论探究，加深对惯性的理解。

3. 创设生活化情境的原则

（1）生活性：创设的情境要贴近学生的生活，使学生体会到物理学习的现实意义，认识到知识的价值，因而具有探究的能动性。

（2）探索性：有价值的问题情境应当具有较强的探索性，能启发学生思维，它要求学生具有某种程度的独立见解、判断力、能动性和创造精神。

（3）适切性：设置的情境要符合教学目标和教学内容，更要与学生的知识范围、能力标准、认知程度相一致，即要符合学生的最近发展区。

（4）开放性：创设的生活化情境既要求学生课前进行探究活动又要有课后延伸的余地。

（5）生成性：学生在教师创设的生活化问题情境中，与教师进行沟通和交流，由于思维火花的碰撞，学生可能会提出更有趣、更有价值的问题，因此，教师要及时调整原有的部署，使创设的情境沿着学生发展的方向迈进。

4. 创设生活化情境的策略

（1）利用物理知识与实际生活问题的联系创设生活化情境

物理与生活实际的联系较为密切，把具有知识性的实际情境搬进课堂，使学生有相见不相识的感觉，可以激发学生探究的原动力。

例如：在研究杠杆平衡条件时，创设这样一个情境：大家都知道菜市场上小贩用的杆秤，他们通过一些手段来达到短斤缺两赚黑心钱的目的，如果是你被斩了，你能否知道呢？你知道他们用的是什么方法吗？学生的思维开始活跃起来，议论纷纷，但就是不知其所以然，学生的探究欲望一下子就被激发了。接着，用实际的杆秤演示给学生看，称同一个物体的质量，用两个质量不同的秤砣去称量，结果是质量小的秤砣称出的物体质量大，并指出小贩就是通过这样的方法来赚取黑心钱的，这是为什么？如果同学们掌握了杠杆平衡的条件，那就是小菜一碟。在接下来的杠杆平衡条件实验研究中，学生探究情绪高涨，在得出杠杆平衡条件后，还主动分析上述问题的答案。可见把具有知识性的实际情境搬进课堂，能激发学生学习的积极性，使他们始终处于主动的学习情境中，并能有效地提高学生分析问题、解决问题的能力。

（2）利用学生的好奇心理创设生活化情境

中学生正处于青少年时期，他们对外界事物充满了好奇，具有强烈的采新猎奇的心理倾向，根据学生这一心理特点，创设新奇的生活化情境，能激发学生的问题意识和学习兴趣。

例如，在讲热传递时，让学生看这样一个实验：用火轻而易举地烧掉一张纸条，把同样的纸条紧紧缠绕在铁棒上，再用火烧，纸条安然无恙，学生目瞪口呆。再告诉学生，一些骗子就是用这种方法推销假毛料服装坑害人。怎样不受骗上当呢？请学热传递。创设这类情境使学生既觉得新奇，又倍感亲切，但就是不知所以然，使学生感到物理知识就在自己的生活中，激发了学生解决这些问题的欲望。

（3）利用学生认知上的不平衡创设生活化情境

学生的认知发展就是观念不断遭破坏并不断达到新的平衡状态的过程。因此在物理教学课堂中教师应善于利用学生认知上的不平衡来创设生活化情境，使学生产生要努力通过新的学习活动达到新的更高水平的平衡的冲动。

例如：在讲光的直线传播时，创设这样一种情境，分别将带有方形、三角形、圆形小孔的三张白纸发给学生，并提问：太阳光线射过这些小孔在地上会留下什么样的光斑？几乎所有的学生都这样回答，跟几何图形一样。然后，让学生走出教室，在阳光下观察光斑的形状，结果光斑都是圆形的（也可以在日光灯下观察，结果是细长的光斑）。现象与学生的想象出现了差异，从而造成了悬念，使学生产生了强烈的求知欲，自始至终带着这个问题主动地学习。

（4）利用学生的实验活动创设生活化情境

物理是实验性很强的一门学科，教师应在课堂教学中投放足够的实验设备，让学生围绕某个专题展开实验探究，学生在这样的情境中就像科学家一样，探究问题，验证假设，体验成功的喜悦，这有利于培育学生的创新精神和学科素养。

例如，在讲比热的概念时，首先创设这样的生活情境：烧开水是我们生活中最常见的事情，今天我们就来讨论一下，水吸收的热量跟哪些因素有关。学生思考、讨论很快就能得出结论：在同样的燃气灶下加热半壶水比一壶水先烧开（沸腾），说明水吸收的热量跟水的质量有关；在燃气灶下加热同一壶水，加热时间越长温度升得越高（在没有沸腾前），说明水吸收的热量跟升高的温度有关。接下来提出问题：如果我们加热的不是水而是其他物质，结果又会如何呢？怎样比较水和其他物质吸收热量的多少呢？请同学们设计一下研究方案，并加以实验验证，分析归纳一下有什么样的结论。诸如此类，物理概念的形成过程的实验研究，如密度、压强、欧姆定律等，可让学生自己设计实验，并通过实验分析归纳出结论，这样学生既掌握了物理概念或规律，又从中体会到科学探索的精髓，体验到成功的喜悦。

（5）利用多媒体网络技术创设生活化情境

多媒体网络技术能跨越时空的限制，生动地再现生活情境，也能将不同的情境进行整合，并且动态地展示情境的核心内容。利用计算机设计的图形，特别是动画，结合多媒体优势，可使学生在较短的时间内在头脑中建立起相对完整的物理过程，有助于理解和记忆，可极大地提高学生学习物理的兴趣和学习效率。

例如：在讲电流时，由于电流在导体中看不见、摸不着，在传统的教学中，学生总是感到抽象，难以理解，而现在多媒体课件可以十分直观地演示出电流在电路中流动的画面，这样把微观粒子夸张化，学生理解起来就不那么困难了。

二、应用非常的创新实验培养学生的科学探究能力

物理学是一门实验科学，实验不仅可以提高学生学习的积极性，还能够激发学生的创造性思维，具有直观、真实的特性。利用实验来创设物理情境是非常重要的一种手段，实验包括演示实验和课堂小实验。

1. 利用演示实验创设

演示实验是指教师在教学的过程中演示的实验。学生通过观察实验，得出本节课所讲的结论，或者通过实验来引起学生的兴趣。演示实验并不仅仅是学生需要掌握的实验，还包括能够帮助学生学习的所有实验。高中所学的物理概念和规律基本都是总结出来的，通过实验或者是理论计算。在教学时创设物理实验情境是非常有必要的，它不仅能使学生对物理事实有明确的认识，还能创造没有干扰的思考基础。

2. 利用小实验创设

物理小实验有很多优点，不仅可以随时随地取材，还与生活密切相关。教师在进行小实验情境的创设时，要注意不要总是用以前的经验进行讲解，要具有创新精神和思维。教师所创设的小实验情境要具有启发性和趣味性。教师还应该激励学生，让学生自己动手做这些小实验，学生还可以进行实验改进，创造出合适的新小实验。

在高中物理课堂教学中，教师还可以引用科技知识，激发学生的求知欲，增强学生的积极主动性。大部分的科学技术都来源于物理知识，教师在授课时，可以结合这些先进的技术提出相关的问题，给学生思考的空间、想象的空间，了解这些科技的物理原理以及形成过程。学生可以根据这些科技话题，讨论并得出自己的观点和看法。教师还可以根据学生提出的问题和观点进行归

纳，得出正确的结论，给出合理的解释。例如神舟飞船升空，教师可以给学生播放相关的视频，展示其升空过程，并且提出与之相关的物理问题，如飞船升空过程中，飞船的速度如何变化？它是如何进入我们规定好的轨道的？等等，学生通过观看视频进行思考，理解牛顿第二定律等原理。这样不仅能够帮助学生了解国家大事，了解物理在科技上的应用，还可以帮助学生加深记忆，提高学生探索的积极性，提高为祖国做贡献的意识。

三、应用丰富的物理学史培养学生的科学精神

英国科学史家丹皮尔曾说过，没有什么故事比科学发展的故事更有魅力。科学史属于人类的故事。可见创设具有物理学史的情境是很重要的。

1. 提高学习兴趣，养成良好的学习习惯

教师可以播放一些关于科学发展的视频，例如有关神舟宇宙飞船的视频，把它生动地展现给学生，激发学生的学习兴趣。教师还可以通过介绍物理学家的故事，使学生自主地去了解这个人的生平故事，从而学到物理学家所具有的科学精神，提高自身的素养，养成良好的学习习惯。

2. 树立辩证唯物主义观点

高中物理教学内容充满了辩证观点，如运动的相对性和绝对性，量变和质变等。例如，教师可以给学生介绍爱因斯坦的相对论，它体现了一种敢于打破现状的精神。相对论打破了牛顿时空观，打开了一片新的领域。但是最开始的时候很多人都不认可相对论，可最终在今天，它被应用到很多的领域去解决问题，时间证明了它的正确性。教师可以通过一部分的物理学史，关联本节课所讲的知识，讲一个学生喜欢、感兴趣的故事，让学生自己思考其中蕴含的道理，探究其中的物理规律，总结知识。

四、应用现代多媒体技术展现物理的特色魅力

我们使用的多媒体多是以计算机和视频媒体为主的，多媒体展示包括文字、图片、声音、动画等。多媒体教学有如下特点：表现力强、交互性强等。教师利用多媒体可以辅助物理情境的展示，可以展示一些模拟实验，还可以利

用课件教学，它是一种效果极好的教学手段。高中的物理知识比较难描述，不像初中那么简单。教师在讲解的时候也有一定难度，如果应用多媒体技术帮助教师展示一些不易描述的情境，会使抽象的知识具体化，便于学生理解。教师充分地应用多媒体技术来创设物理教学情境，不仅开拓了教师的教学空间，使课堂具有生动性，还可以让学生有种身临其境的感觉。当然多媒体还有很多其他的优点，平常我们教学时使用最多的情境教学方式也是多媒体教学。例如，碰撞过程发生得很快，时间很短，学生用肉眼很难观察，教师在讲解的时候很难把这一短暂的瞬间描述出来，学生就更难理解和想象了。但是如果使用多媒体展示，教师就可以把时间延长，把这个短暂的过程放慢，形象地展现给学生，这样学生就比较容易理解和接受。由此可以看出，利用多媒体创设教学情境这一策略是非常重要的。

第五章　情思物理教学案例分析

　　教学案例是对教学过程中的一个实际情境的描述。本章收录的工作室成员的典型案例，是"情思物理实施策略和途径"在课堂中的实践，案例突出物理情境的创设，是工作室成员对"情思物理课堂"真实发生的实践情境的描述，有一定的典型意义。在教学实践中，我们遇到了大量的实际问题，需要通过研究，妥善解决。我们在研修过程中，自觉或不自觉地进行了大量的凝练研究，有很多经验和教训，其中不乏典型事例，给我们工作室学员留下了深刻的印象，也成为我们撰写情思物理教学案例的素材。我们收录的教学案例既有研修过程中的，也有学员日常教学实践活动中的。案例贴近一线教师工作，与工作室学员的成长有着天然的联系，希望能给读者带来一定的启示。

应用生活情境教学案例

案例一：《探究自由落体运动》教案

广州大学附属东江中学 王润

课　　题：探究自由落体运动

教学时间：40分钟

教学对象：高一（上）

教　　材：粤教版（2019年）高中物理必修一第二章第四节

【**教学内容分析**】

本节内容是粤教版普通高中课程标准实验教科书《物理（必修第一册）》第二章《匀变速直线运动》的第四节《自由落体运动》。在本章教材中，自由落体运动这一节是在熟练掌握匀变速直线运动的特点、规律后，作为一个特例进行学习的。这样处理可以让学生经历从一般到特殊的研究历程，学习应用规律分析、解决实际问题的思想、方法，经历实际问题的抽象、建模过程，有利于物理观念、科学思维和科学探究素养的培养。

从一般规律的探究到自由落体运动这一简单的实例分析，再到下一节汽车行驶问题的探讨，本节课起到连接规律和应用的桥梁作用，是学生思维发展的基石。

1. 课程标准对本节的要求

通过实验，体会实验在发现自然规律中的作用，认识自由落体运动的规律；结合物理学史的相关内容，体会物理模型在探索自然规律中的作用，认识物理实验和科学推理在物理学研究中的作用。

查阅资料，了解伽利略研究自由落体运动的实验和推理方法。

2. 教材内容安排

本节课内容从亚里士多德对落体运动的认识以及伽利略通过推理、实验对亚里士多德的观点进行纠正开始，设置了利用硬币、纸片和纸团探究自由落体运动与质量关系的实验活动以及在牛顿管中探究空气对自由落体运动的影响，让学生经历了从提出问题、质疑到设计方案，再到实验探究的科学探究过程。

教材利用对频闪照片的思考结合匀变速直线运动的规律导出自由落体运动的速度公式和位移公式，并应用规律解决问题，培养学生基于实验材料收集证据和科学论证的科学探究思维以及应用物理学工具解释自然现象的观念。

本节内容的设计，从历史资料、思想方法到现实实验、理论探究，从感官现象的思考、定性的思维分析到定量的工具探究，呈现了科学发现和建构理想化模型的一般过程，顺着学生思维发展过程展开教学。

3. 教材的特点

本节教材从对树叶飘落、雨滴下落等运动的思考展开教学，引导学生应用前面所学的运动规律开启对自然现象的探究，把知识应用在解决现实问题中，符合学生思维发展规律，注重让学生体会科学家的探究思想和方法；演示小实验的设计，注重让学生自己通过实验来体会物理思想和物理规律，培养学生的观察能力；探究实验的设计，注重培养学生自主设计实验方案、分析数据、自主解决问题的能力。

4. 对教材的处理

（1）考虑到学生的接受能力，本节内容主要分成两部分进行处理：一是对自由落体运动的认识过程，利用实验和逻辑推理，得出自由落体运动的概念；二是让学生自主实验，记录自由落体运动的信息。本节课四分之三的时间用于解决第一部分的内容，剩下四分之一左右的时间让学生进行实验探究。

（2）适当调整教材的编排顺序，先用简易实验引导学生发现物体下落的快慢与物体的重量无关，然后才进行理论的逻辑推理。这样能增强学生的参与度，同时很好地提高了学生的学习兴趣，使整节课更加有逻辑性。

（3）加强多媒体的使用。有效合理地使用多媒体播放相关的图片、flash动画和视频等，有利于课堂的讲解，同时能使问题更加直观，方便学生理解。

【学生情况分析】

1. 学生的兴趣

高一的学生有强烈的好奇心，但物理理论及实验知识还比较欠缺，教学中应注意培养学生对物理的兴趣，保持学习的积极性。

2. 学生的知识基础

学生已学过运动学的基本概念，匀速直线运动、匀变速直线运动的规律，对运动的实验也有了初步认识，并具备了一定的实验探究能力。

3. 学生的认识特点

学生在运动学领域已有了初步的理论知识及实验能力，此时可加强对学生相关学科思想、学科思维、实验探究能力、创新能力的培养。学生已经对落体运动有了一定的感性认识，但是这些认识没有系统性，同时存在着一些错误的观点，他们并不真正地了解自由落体运动的本质。教学中，可适当对教科书进行拓展，例如，在教学过程中，补充伽利略科学研究的线索，设置超越伽利略、超越教材、超越老师几个实验方案展示环节，让学生在一次次超越前人的实验设计中，培养能力，体验成功的喜悦。

4. 学生的迷思概念

（1）物理下落过程中的运动情况与质量无关。

（2）自由落体运动是在理想条件下的运动。

（3）用打点计时器或者其他实验仪器记录自由落体运动的信息，并能自主对记录自由落体运动轨迹的纸带进行分析。

【教学目标】

1. 物理观念

理解自由落体运动的特点和规律；并会运用自由落体运动的特点和规律解答相关问题。

2. 科学思维

通过观察演示实验，概括出自由落体运动的特点，培养学生观察、分析能力。

3. 科学探究

培养学生仔细观察、认真思考、积极参与、勇于探索的精神。

4. 科学态度与责任

培养学生严谨的科学态度和实事求是的科学作风。

【教学重点】

（1）掌握自由落体运动的概念及探究自由落体运动的过程；

（2）掌握自由落体运动的规律，并能运用其解决实际问题。

【教学难点】

理解并运用自由落体运动的条件及规律解决实际问题。

【教学策略设计】

1. 教学组织形式

坚持"学生为主，教师为辅"的原则，通过教师创设的情境提出问题，学生经过一系列的实验分析，亲自感受物理知识的构建过程。

2. 教学方法

综合应用讲授、演示实验、讨论、练习和实验等多种方法。

3. 学法指导

让学生亲身经历简易实验、逻辑推理、观察实验、实验、讨论分析等一系列过程得出相应的结论；使学生在参与教学过程中，获取知识，同时领会学习物理的方法，提高思维能力和探索能力。

4. 教学媒体设计

多媒体课件、相关的图片、flash 动画和视频等。

【教学用具】

可以下落的物品（纸片、粉笔等）、牛顿管（带铁片和羽毛）、电火花打点计时器、铁架台、纸带、重锤、电源、刻度尺。

【教学流程图】

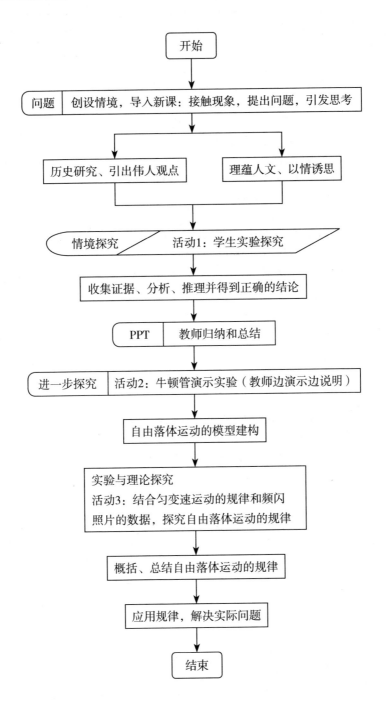

【教学过程设计】

教学环节和教学内容	教师活动	学生活动	设计意图
新课引入：接触现象，提出问题，引发思考	提出问题： 1. 轻重不同的物体从同一地点同一高度下落，哪个物体落得快？ 2. 一纸片下落，与一支笔下落，看到笔下落快，能否说重物落得快？ 再次提问： 观点：重的物体下落得快，轻的物体下落得慢，是否正确？ 问题：物体的下落有快有慢。物体下落的快慢与什么因素有关？引出本节的内容：探究自由落体运动。	1. 学生回答问题重的快。 2. 学生回答：不能。	让学生对落体运动的现象进行思考并阅读课文，在设问的基础上展开学习。
历史研究 关于物体下落的快慢，早在两千多年前就有学者在研究，并提出自己的观点。 引出伟人观点，对亚里士多德和伽利略进行简单介绍。	两千多年前，古希腊哲学家亚里士多德提出：轻重不同的物体下落时，重的物体下落得快，轻的物体下落得慢。 总结：观察+直觉：重物比轻物下落得快（错误）——亚里士多德 实验+逻辑：重的物体不比轻的物体下落得快——伽利略	讨论分析发现矛盾得出结论	1. 结合物理学史的相关内容，体会物理逻辑推理在探索自然规律中的作用，理蕴人文。 2. 介绍两大伟人的成长历程，鼓励学生向伟人学习。
学生实验探究超越前人的研究，用生活中常见的物品完成证据收集：轻重物体下落实验探究。 学生上台演示	【实验探究一】观察粉笔头和薄纸片的下落情况，它们的运动情况有何不同？ 【实验探究二】将薄纸片揉成纸团（或长粉笔状），再让它和粉笔头同时下落，可观察到什么现象？ 【实验探究三】取两张相同的纸，把其中一张揉成纸团，再让它们同时下落，可观察到什么现象？ 综上所述，可以得出什么结论？	观察 思考 上台演示，分享成果：1. 重的快；2. 轻重不同，一样快；（注意：听声音、尽量追求同一高度）3. 轻重相同，不一样快	培养学生从实验探究过程中，分析、推理并得到正确的结论的能力，获得进一步探究、学习的兴趣。

教学环节和 教学内容	教师活动	学生活动	设计意图
【思考与讨论】 牛顿管实验演示： 空气阻力对落体运动的影响。 资料：1971年阿波罗飞船登上无大气的月球后，美国宇航员大卫·斯哥特在月球上同时释放了一把铁锤子和一根羽毛，无数观众从屏幕上看到：它们并排下落，同时落到月球表面。	结论：物体下落的快慢与轻重无关。 物体下落为什么快慢不同呢？跟什么因素有关？ 演示：（教师边演示边说明） 1. 没有抽空气时，比较金属片和羽毛下落情况； 2. 抽出少量空气时，比较金属片和羽毛下落情况； 3. 抽大量空气时，比较金属片和羽毛下落情况； 提问：从上述过程中，可以得到什么结论？	学生回答：随着空气的抽离，羽毛下落快慢越来越接近金属片，说明空气阻力影响了物体下落快慢。	培养学生从实验现象逐步推理、归纳并获得结论的能力。
物理模型建构：自由落体运动的模型建构。 我们通过前面的实验观察、探究，可以粗略分析自由落体运动是一个什么样的运动。 过渡引言：但是加速度如何？是匀加速，还是变加速？	教师归纳： 1. 定义：物体只在重力作用下从静止开始下落的运动，叫自由落体运动。 2. 条件： （1）静止，即 $v_0 = 0$ m/s （2）只受重力 若受到空气阻力（例如铁球下落），当 $F_空 \ll G$ 时，可当作自由落体运动。 所以自由落体运动是一种理想运动。	学生建立自由落体运动的模型。 教师引导学生进一步提出问题：自由落体运动是什么样的加速运动？	培养学生在获得证据中提取结论、建立物理概念模型的思维能力以及进一步解析模型的追求。
实验与理论探究：结合匀变速运动的规律和频闪照片的数据，探究自由落体运动的规律。	用频闪照片实验数据研究自由落体运动的规律 结论： 1. 自由落体运动是初速度为0的匀加速直线运动； 2. 加速度恒定。	学生在教师的指导下处理数据：若相等时间内，$\Delta s = s_{II} - s_{I} = s_{III} - s_{II} = s_{IV} - s_{III} = s_{V} - s_{IV}$，在实验误差范围内是定值，就可以说明此运动为匀加速直线运动。	培养学生处理数据的能力以及从数据中分析、推理获得结论的科学思维。

教学环节和教学内容	教师活动	学生活动	设计意图
概括、总结规律：求重力加速度，归纳速度公式和位移公式。	提问：能否根据运动学公式求出它的加速度？ 教师：大家求出来的这个加速度叫重力加速度，方向总是竖直向下的。 提问：从重力加速度表格中，可以发现什么规律？	概括、总结： 1. 随纬度升高，重力加速度增大； 2. 地球上不同地方g值不同。 3. g的大小： $g = 9.8\ \text{m/s}^2$。	培养从众多信息中获取关键信息，并通过处理信息，概括、总结出最终规律的能力。
应用规律，解决实际问题，比如测一口井的深度，测楼房的高度等。	例题：为了测出井口到井里水面的深度，让一个小石块从井口落下，经过2 s后听到石块落到水面的声音。求井口到水面的大约深度（不考虑声音传播所用的时间）。	师生共同完成运算	理论联系实际，解决生活问题。

【板书设计】

探究自由落体运动

定义：物体仅在重力的作用下，从静止开始下落的运动。

条件：仅受重力（$G \gg F_{阻}$）

从静止开始（$v_0 = 0\ \text{m/s}$）

规律：速度公式：$v = gt$

位移公式：$h = \dfrac{1}{2}gt^2$

【教学反思】

　　本节课探究自由落体运动的规律，从逻辑推理的角度入手，整节教学设计注重学生逻辑思维的发展，因而教师在教学过程中应注意内容的衔接和适当的引导。新课程强调学习方式的改变，倡导以"主动、探究、合作"为主要特征的学习方式，注重学生逻辑思维能力和学科素养的培养。

案例二：《探究自由落体运动》教学设计

河源高级中学　刘小宁

【教学背景分析】

1. 教学内容分析

（1）本节内容是"自由落体运动规律"的学习基础，起到很重要的承上启下的作用。本节内容包括两个知识点：一是自由落体运动的概念，二是利用打点计时器记录自由落体运动的运动信息的实验。

（2）本节以实验探究为主线，教科书从生活经验和亚里士多德的观点出发，进行逻辑推导，使亚里士多德的观点陷入自相矛盾的境地，引起学生求知的兴趣，并在此基础上提出问题，通过简单的实验进行探究，寻找证据。通过对实验结果进行讨论得出结论：物体下落过程中的运动情况与物体的质量无关。进一步进行"牛顿管实验"，学生在实验中通过观察和思考，验证了物体下落快慢的影响因素。经过一系列的推理论证和实验论证，得出自由落体运动的概念，使学生学会通过生活中的现象去探究事物本质规律的方法。最后由学生进行自主实验探究，使用打点计时器记录自由落体运动的运动信息，为下一节课"自由落体运动规律"的学习做好准备。

2. 学生情况分析

（1）学生的兴趣：高一的学生有强烈的好奇心，但物理理论和实验知识比较欠缺；

（2）学生的知识基础：学生已经学习了位移、加速度、时间等描述运动的知识；

（3）学生的认识特点：学生在生活中对于树叶飘落、雨滴下落等落体运动司空见惯，但不知道影响落体运动快慢的因素。教材这节内容不多，因此可以适当对教材进行拓展。

【教学设计策略】

本节课将使用发现式教学策略，坚持"学生为主，教师为辅"的原则，通过教师创设的情境提出问题，学生经过一系列的实验分析，亲自感受物理知识的构建过程。在教学方法和教学手段上，综合应用讲授、演示实验、讨论、谈话和实验等多种方法，加以多媒体辅助，教学过程以学生日常生活中对落体运动的认识为切入点，以问题为引导，以实验和逻辑推理为手段，让学生亲身体会知识的获取过程。

在学法指导上，让学生亲身经历简易实验、逻辑推理、观察实验、实验、讨论分析一系列过程得出相应的结论；使学生在参与教学的过程中获取知识，同时领会学习物理的方法，提高思维能力和探索能力。

【教学目标】

1. 物理观念

忽略外界条件的影响研究落体运动，建立理想化模型。

2. 科学思维

从认识自由落体运动，到探究影响物体下落快慢的因素，通过对落体运动的自主探究，初步认识和感受探索自然规律的科学方法，培养学生观察、概括的能力。

3. 科学探究

运用科学哲学的认识论、方法论建构丰富多彩的不同科学探究模式，渗透学科思想、学科思维、学科方法，提升学科素养。

4. 科学态度与责任

渗透物理方法的教育，在研究物理规律的过程中抽象出一种物理模型——自由落体；通过实验，培养学生的合作精神；通过史实，培养学生敢于质疑权威的精神，增强创新意识，形成科学的人生观和价值观。

【教学重点和难点】

1. 教学重点

自由落体运动的概念及自由落体运动的过程。

2. 教学难点

伽利略研究自由落体运动的巧妙实验构思。

【教学流程图】

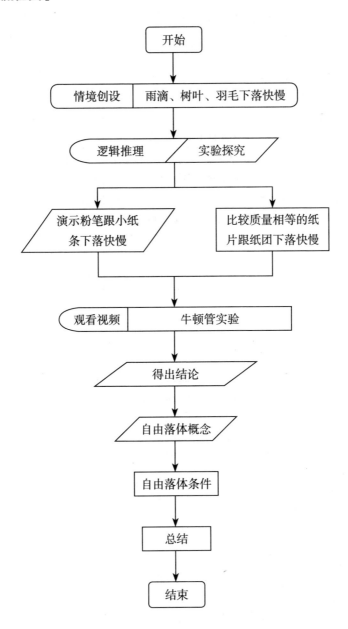

【教学过程】

教学环节	教师活动	学生活动	设计意图
创设情境 导入新课	列举生活中物体下落的例子：树叶下落、苹果落地、雨点下落等，PPT展示相关图片，给出落体运动的概念。 问题设置：1. 同一高度落下，是苹果掉落得快还是树叶掉落得快？ 2. 是重的物体掉落得快还是轻的物体掉落得快？ 导入新课的学习——探究自由落体运动。	举例，思考，讨论，回答。	利用日常生活中的现象引入本节的课题，提出疑问，激发学生的求知欲。
新课探究 逻辑推导	介绍亚里士多德（简介亚里士多德，引导学生辩证认识他）的观点：物体下落的速度与重力成正比，即重的物体下落得快。 引领学生重走伽利略（简介伽利略）的思路，由他的结论推出两个矛盾的结果，验证亚里士多德的观点错误。 推导：石头比树叶重，所以$v_1 > v_2$，如果把树叶和石头绑在一起，$v_总$变大了还是变小了？ 得出结论： 结论1：如果把石头和树叶捆绑在一起，其所受的重力一定比其中任一物体大，其下落速度也应该比其中任一物体的下落速度快。 结论2：如果把石头和树叶捆在一起，独自下落较慢的树叶就会拖慢独自下落较快的石头，最终其下落速度应该比石头的下落速度慢。 问题设置：这两个结论是相互矛盾的，这说明了什么问题？ 得出新的结论：物体下落的快慢与质量无关。	了解伟人的成长历程及观点。 分析观点，共同推导，得出结论。 讨论分析，发现矛盾，得出结论。	介绍伟人的成长历程，鼓励学生向伟人学习。 师生共同参与推导过程，调动学生积极参与的兴趣，培养学生的逻辑思维能力及表达能力。
实验与探究	设计实验方案 ［实验Ⅰ］：将一段粉笔和一张小纸片同时从同一高度自由下落。 ［实验Ⅱ］：将①中所用的小纸片揉成纸团，将纸团和粉笔同时从同一高度自由下落。 ［实验Ⅲ］：两张相同的纸片，将一张揉成纸团；同时同高度由静止开始下落。 引导学生分析结果，得出结论。	做实验，观察现象，讨论、分析、总结。	强调实验注意事项，让学生养成严谨的科学态度。

教学环节	教师活动	学生活动	设计意图
观察与思考	问题设置：物体下落的快慢与质量无关，但实际生活中为什么苹果要比树叶下落得快？引导学生猜想。 介绍牛顿管并进行"牛顿管实验"（由于器材演示不明显，所以播放视频），在播放中给予学生适当的引导，让学生有目的地观察实验。 利用视频演示实验过程，请学生对实验现象进行描述分析，并寻找出影响物体下落快慢的因素——空气阻力。	思考，猜想，观察，分析。	利用问题引导学生思考，激发学生的好奇心和求知欲，提高学生学习物理的兴趣。
总结自由落体运动	引出自由落体运动的概念，并进行板书。 （1）定义：物体仅在重力作用下，从静止开始下落的运动。 （2）条件：①仅受重力（$G \gg F_阻$） ②从静止开始（$v_0 = 0$）	阅读课本，思考，讨论自由落体运动的条件。	加深对条件的理解。
记录自由落体运动的轨迹	引导学生回顾电火花计时器的使用方法。 1. PPT播放：用打点计时器记录自由落体运动的运动信息。 2. 请带着以下问题，分析纸带： （1）自由落体的运动轨迹是怎样的？ （2）纸带上的点与点之间的距离有什么变化？说明了什么？ （3）影响实验误差的因素有哪些？	回顾，设计实验，选择实验器材； 进行实验，对纸带进行分析。	课后布置的思考作业，能培养学生收集信息、处理信息的能力以及独立思考、解决问题的能力。

【板书设计】

（一）落体运动的思考

1. 亚里士多德的观点：物体越重，下落越快。

2. 伽利略的观点：物体下落快慢与质量无关。

3. 自由落体运动

（1）定义：物体仅在重力的作用下，从静止开始下落的运动。

（2）条件：

① 仅受重力（$G \gg F_阻$）。

② 从静止开始（$v_0 = 0$）。

（二）记录自由落体运动轨迹

案例三：《作用力与反作用力》教学设计

东源中学 刁丽清

【教材内容分析】

牛顿第三定律是牛顿运动定律整体的一个基本组成部分，反映物体间相互作用的规律，指明了力来源于物体间的相互作用。教材要求学生通过实验探究，认识作用力与反作用力的关系，总结出牛顿第三定律，并能用它解决生活中的有关问题。教材以学生为本，通过创设情境，使学生亲身体验或科学探究掌握概念规律，最后将所学内容与实际生活联系起来，达到学以致用的目的。

【教学对象分析】

传统教学对一些物理现象和规律的直接给出和简单重复，导致学生养成死记硬背的习惯，学生一般比较排斥、不感兴趣。让学生自己通过小实验感知作用力和反作用力的存在，并动手设计验证"作用力与反作用力关系"的实验，能激发学生的学习兴趣，从而感到物理规律并不是枯燥乏味的。学生在初中已初步学习了作用力与反作用力的关系，但对更深层的规律还未涉及，针对这一点，教学中采取实验探究的方法，既可以调动学生的积极性，简化难懂的问题，还可以培养学生科学探究和解决实际问题的能力。

【教学目标】

1. 物理观念

（1）知道力的作用是相互的，理解作用力和反作用力的概念。

（2）理解掌握牛顿第三定律，并能用它解决生活中的有关问题。

（3）能区分"一对平衡力"和"一对作用力与反作用力"。

2. 科学思维和科学探究

（1）通过观察、动手实验，培养独立思考能力和实验能力。

（2）通过用牛顿第三定律分析物理现象，培养分析解决实际问题的能力。

3. 科学态度与责任

（1）结合有关作用力与反作用力的生活实例，培养学生注重观察、独立思考、实事求是、勇于创新的科学态度和意识，感受物理学科研究的方法和意义。

（2）激发探索的兴趣，养成科学探究的意识。

【教学重点】

（1）理解掌握牛顿第三定律，并能应用它解决实际问题。

（2）理解并能区分平衡力和作用力与反作用力。

【教学难点】

区分平衡力和作用力与反作用力。

【教学策略设计】

1. 指导思想和设计主线

本节课始终坚持"教师为主导，学生为主体"的原则，以"寻找现象—发现问题—提出问题—解决问题—加以应用"为主线，各环节利用不同器材激发学生主动参与、积极思考，产生强烈的求知欲望，并通过探究性活动和有效设问引导解决本节课的重难点。

2. 教学方法和手段

应用实验法（演示实验、师生互动实验、学生分组实验）、讨论法、总结归纳法等多种方法，并辅以多媒体手段，充分调动学生学习的积极性，提高课堂学习效率，培养独立思考、自主探究、团结协作能力。

3. 学法指导

以合作学习和探究性学习为主，培养学生的创新精神和实践能力。

【教学用具】

教师：PPT文件，大弹簧测力计一对，遥控玩具车、纸板各一个，圆形玻璃管若干。

学生：小弹簧测力计一对。

【**教学流程图**】

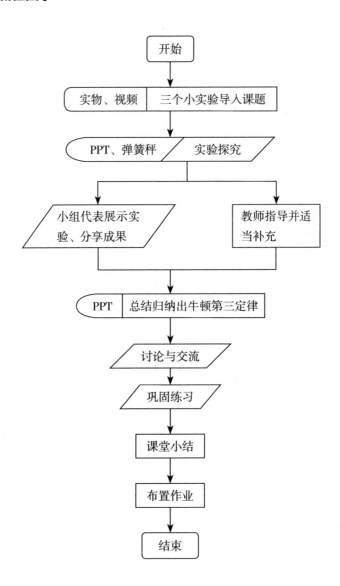

【教学过程设计】

教学环节	教师活动	学生活动	设计意图及资源准备
新课导入（4分钟）	（一）小实验：让学生做鼓掌的动作，并用手指按笔尖，感受力的作用。 （二）提出问题：鼓掌的时候双手为什么会痛？用手指按笔尖，为什么手指会疼？ （三）演示实验：遥控小车在垫有圆玻璃管的纸板上向前运动，结果纸板会向后运动。 引出作用力和反作用力的概念。	1.鼓掌 2.用手指按笔尖 生1：双手间有力的作用； 生2：手指受到笔尖的作用力。 认真观察，思考现象产生的原因。	通过小实验，让学生亲身感受力的作用，获得感性体验。 学会观察和养成动脑思考的习惯。
生活中的作用力与反作用力（4分钟）	师：试列举生活中作用力与反作用力的实例，证明力的作用是相互的，且成对出现。 （一）提问并引导学生寻找生活中的作用力与反作用力。 （二）播放视频 （1）冰面上互推、被推游戏 （2）船靠岸，人从船上跳上岸 （三）设疑：作用力与反作用力到底有什么关系？	生1：踢球时脚对球有作用力，球对脚有反作用力。 生2：溜冰时，往墙上一推，人会往后退。 生3：走路时脚和地面间有摩擦力。 生4：同名磁极相互排斥，有相互作用力。 观看、思考	让学生寻找生活中作用力与反作用力的实例，认识到物体间的相互作用力是成对出现的。 提供形象直观的视频资源，让学生再次感受物体间力的作用是相互的。
实验探究（12分钟）	（一）让学生带着以下问题，自主设计实验进行探究。 1.是否先有作用力后有反作用力？ 2.这两个力的受力物体是否相同？ 3.这两个力方向是否相同？ 4.这两个力大小是否相等？是否同时变化？ 5.这两个力的性质是否相同？ （二）引导学生总结归纳出实验结论。	进行分组实验（3人一组），探究作用力与反作用力的关系。 得出结论：作用力与反作用力分别作用在两个物体上，大小相等、方向相反、同时产生、同时变化、同时消失，是同种性质的力。	自主探究，提高动手操作和总结归纳的能力； 每组提供小弹簧测力计一对。

教学环节	教师活动	学生活动	设计意图及资源准备
牛顿第三定律（6分钟）	（一）引出牛顿第三定律 1. 内容：两个物体间的作用力与反作用力总是大小相等、方向相反，作用在同一直线上。 2. 数学表达式：$F = -F'$ 3.（板书）理解： （1）分别作用在两个不同物体上； （2）同时产生、同时变化、同时消失； （3）是同种性质的力。 （二）练习 关于作用力和反作用力，下列说法正确的是（ ） A. 先有作用力，后有反作用力 B. 作用力与反作用力有时是不同性质的力 C. 作用力和反作用力一定是同时产生、同时消失的 D. 因为作用力和反作用力大小相等，方向相反，所以它们的合力为零	教师板书时学生齐声朗读牛顿第三定律的内容。 练习，巩固牛顿第三定律。	利用PPT将牛顿第三定律呈现给学生，同时板书，加深印象，并及时巩固练习。
讨论与交流（6分钟）	问题：一本书静置在水平桌面上，先分析书的受力情况，并指出哪两个力是平衡力，再分析书与桌面的作用力与反作用力。你能找出平衡力和作用力与反作用力间的异同吗？ （一）提问学生，分析受力（学生回答，教师板书） （二）总结平衡力和作用力与反作用力的异同	（一）对书、书与桌面进行受力分析 （二）完成表格： |		平衡力	作用力与反作用力
相同点			
不同点	作用对象		
	力的性质		
	力的变化		
	作用效果				师生一起分析比较，归纳出平衡力和作用力与反作用力的相同点和不同点。

续 表

教学环节	教师活动	学生活动	设计意图及资源准备
巩固练习（6分钟）	利用PPT展示课堂练习题，并引导学生利用牛顿第三定律进行分析： 1. 鸡蛋碰石头，鸡蛋破而石头不破。有的同学认为鸡蛋对石头的作用力小，而石头对鸡蛋的作用力大。他们的说法对不对？为什么？ 2. 马拉车之所以能将车拉动，有人说是因为马拉车的力比车拉马的力要大，也有人说是因为马拉车的力比车受到地面的摩擦力要大。他们的说法对吗？为什么？	同桌间讨论，应用牛顿第三定律思考分析具体物理问题。	及时巩固新知，提高利用物理规律解决实际问题的能力。
小结与布置作业（2分钟）	利用事先准备好的PPT将课堂小结、课后作业呈现给学生。	回忆本节课所学内容，形成整体、系统的知识体系。	巩固新知

【板书设计】

（一）物体间力的作用是相互的——这对力称为作用力与反作用力。

（二）牛顿第三定律

1. 内容：两物体间的作用力与反作用力总是大小相等、方向相反，作用在同一直线上。

2. 表达式：$F = -F'$

3. 说明：

（1）分别作用在两个不同物体上。

（2）同时产生、同时变化、同时消失。

（3）是同种性质的力。

（三）平衡力和作用力与反作用力的异同。

应用实验情境教学案例与分析探究

案例四：《牛顿第三定律》教学设计

龙川县第一中学　叶景青

课　　题：牛顿第三定律

教学时间：40分钟

教学对象：高一（上）

教　　材：2019年人教版高中物理必修一第三章第三节

【教学内容分析】

1. 教材的地位和作用

《牛顿第三定律》是《普通高中物理课程标准（2017年版）》必修课程必修1模块中"相互作用与运动定律"主题下的内容。

2. 课程标准对本节的要求

理解牛顿运动定律，能用牛顿运动定律解析生产生活中的有关现象、解决有关问题。

3. 教材内容安排

教材内容安排遵循先定性再定量的基本思路。

4. 教材的特点

先定性再定量。

5. 对教材的处理

首先通过实例说明两个物体之间的作用力总是相互的，有作用力必定有反作用力。其次，通过实验探究作用力与反作用力的大小、方向之间有什么关系。最后通过对物体受力的初步分析，体会牛顿第三定律的价值与意义。

本节课的学习可以帮助学生进一步分析复杂情境下运动与相互作用的关系，培养学生进行实验设计并获取证据的能力，提升学生基于证据进行推理的意识和能力。

【学生情况分析】

在初中阶段，学生已经对物体间的相互作用有定性了解，知道相互之间的作用力是成对出现的，也学习过二力平衡知识。本节内容是对初中内容的延伸与深化，要定量研究作用力和反作用力之间的关系。学生在前两节内容已经学习过弹力、摩擦力等知识，熟悉并掌握了弹簧测力计的使用，这为学生使用弹簧测力计定量研究两个弹力之间的关系奠定了基础。学生要经历定量探究过程，获取数据，基于证据理解作用力与反作用力等大、反向的特点，进一步认识牛顿第三定律在整个牛顿力学体系的地位。

【教学目标】

1. 物理观念

（1）知道力的作用是相互的，了解作用力和反作用力的概念。

（2）通过实验探究，了解作用力和反作用力的大小和方向的关系。

（3）能区分相互作用力和平衡力。

（4）会对物体进行初步的受力分析，并解释物理现象或者解决实际问题。

（5）能正确表述牛顿第三定律，并用牛顿第三定律分析和解决实际问题。

2. 科学思维

通过鼓励学生动手、大胆质疑、勇于探索，形成良好的科学思维习惯。

3. 科学探究

初步掌握控制变量法、实验归纳法等科学研究方法的应用。

4. 科学态度与责任

结合有关作用力和反作用力的生活实例，培养学生独立思考、实事求是、勇于创新的科学态度和团结协作的科学精神，感受物理学科研究的方法和意义。

【教学重点】

1. 本节教学的重点是探究作用力和反作用力的大小、方向之间的关系，但学生对它们的认识不应只停留在大小和方向上。学生应该掌握对作用力和反作用力的正确判断。

2. 作用力和反作用力的关系与平衡力的关系有相同之处，也有不同之处，学生常常把这两种力混淆。两个相互作用力是大小相等的，但对物体产生的效果往往是不同的，要通过对两种力的比较纠正学生头脑中不正确的认识。

【教学难点】

区分平衡力和作用力与反作用力。

【教学策略设计】

1. 教学组织形式

班级授课、小组合作学习。

2. 教学方法

实验探究法、分组实验法、讲授法。

3. 学法指导

教师启发、引导学生思考，讨论、交流学习成果。

【教学用具】

多媒体课件，图片等；薄木板（1个/组）；电动玩具遥控赛车（1个/组）；条形磁铁（2个/组）；实验小车（2个/组）；弹簧秤（2个/组）等。

【教学流程图】

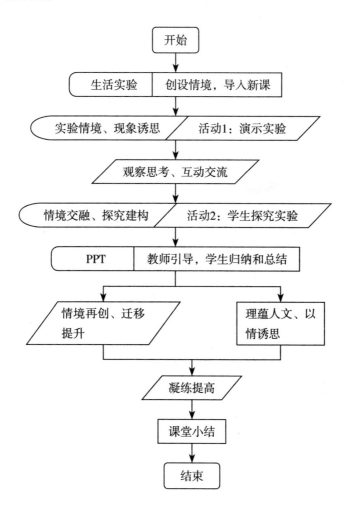

【教学过程设计】

教学程序	教师活动	学生活动	设计意图
引入新课	教师引导学生鼓掌引入	学生思考并回答问题	让学生进入积极主动的思考状态，激发学习激情。

续 表

教学程序	教师活动	学生活动	设计意图
新课教学 （一） 定性研究物体间的相互作用力	教师进行演示实验，并引导学生注意观察。 互推小车 遥控小车实验 推课桌感受相互作用力 教师引导，学生总结：物体间力的作用总是相互的。	学生观看实验与例子并积极思考，感知作用力与反作用力是相互的。 学生列举相关例子，说明力的作用是相互的。 学生回答。	期望通过具体实例，感受物体间力的作用是相互的。 培养学生归纳本领。
（二）定量地研究相互作用力之间的关系	教师结合实例，提出问题：物体间的相互作用力究竟有怎样的关系？ 引导学生设计实验验证自己的猜想。 提问：当弹簧秤处于运动状态时，读数还相等吗？ 教师配合学生演示传感器实验。	学生实验并且验证自己的猜想。 | 实验次数	实验内容	F（N）	F'（N）	结论
---	---	---	---	---
1	A拉B			
2	A，B对拉				 学生拉动运动状态下的弹簧秤，注意观察实验结果。 学生观察实验结果并且总结结论。	探究作用力和反作用力的关系，并总结规律。 进一步说明运动状态下作用力与反作用力大小是相等的。
（三）归纳与总结	教师引导总结并板书：牛顿第三定律； 引导学生总结得出作用力与反作用力的特点。	学生得出牛顿第三定律。 学生思考总结得出相互作用力的特点。	进一步认识牛顿第三定律。

续 表

教学程序	教师活动	学生活动	设计意图
（三）归纳与总结	（小试牛刀）教师出示题目：设物体水平放在地面上处于静止状态，重力为G，则物体对地面的压力为多少？  	学生思考，进而阐述自己的解答过程。	应用牛顿第三定律解决简单问题。
（四）问题探究——相互作用力与平衡力的区别和联系	教师提问：相互作用力与平衡力有什么区别和联系呢？ 教师引导学生进行比较。	学生积极思考问题，从中领悟"一对平衡力"与"一对作用力和反作用力"的异同。完成表格： 	让学生通过自己的思考区分相互作用力和平衡力。
（五）练习与巩固	教师出示练习题 1. 有一物体放在水平粗糙地面上，如图所示，用弹簧测力计拉着细绳水平牵引物体，弹簧秤有一个示数，但物体没有动，试求： （1）涉及物体一共有几对作用力与反作用力？ （2）物体一共受到几对平衡力的作用？ 	学生思考，得出正确答案。	巩固本节知识，检查学习效果。

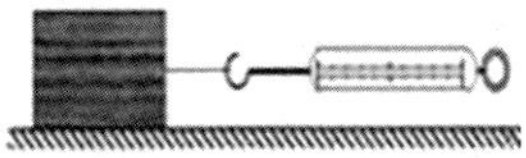

下表为学生活动中需完成的表格：

项目		相互作用力	平衡力
相同点			
不同点	作用点		
	性质		
	同时性		
结论			

续 表

教学程序	教师活动	学生活动	设计意图
拓展与迁移	教师出示：风扇小车的开放性问题。利用牛顿第三定律，有人设计了一种交通工具，在平板车上装了一个电风扇，风扇运转时吹出的风全部打到竖直固定在小车中间的风帆上。请分析，这种设计能使小车运行吗？ 若不能，请你改动设计，使它能运动。 教师结合学生的回答进一步拓展：若将扇叶改为向下吹，则可以得到飞机的模型；若去掉挡板，放在水里就是轮船的模型，进一步拓展到火箭。 教师演示自己设计的风扇小车，可以在气垫导轨上演示。	学生思考分析其原因，并加以讨论。 学生思考将风扇怎样改动，可以使小车运动。	牛顿第三定律在日常生活中的应用。 拓展应用，培养学生创造能力。
课后探究小课题	拔河比赛比的是谁的力气大吗？	学生课后思考。	培养学生探究的精神。
小结（板书设计）	一、物体间力的作用力总是相互的 二、牛顿第三定律 内容：两物体之间的作用力与反作用力总是大小相等，方向相反，作用在一条直线上。 公式：$F = -F'$ 特点：等大，反向，共线，异物，同时，同性。 三、相互作用力与平衡力的区别和联系		
教学反思	牛顿第三定律是一个比较难讲的课题，虽然学生在初中接触过，但是只是非常粗略的定性了解，没有深入的定量研究。就牛顿第三定律的内容而言，它反映的是物体之间的一种规律，掌握规律的最好办法就是在实践中探索，因此，本节课采用引导式的分层探究教学，通过实验、演示等活动，让学生在观察和体验中，由浅入深，从定性到定量，最后从比较的角度进行分层探究。		

续 表

教学程序	教师活动	学生活动	设计意图
教学反思	对于理解上的难点，如物体处于不平衡状态下的相互作用的物体间的牛顿第三定律，可通过传感器实验加以突破，从讲课的效果来看，学生接受很好，和学生的配合实验很好地突破了难点。从教学手段上看，通过"一讨论二演示三实验四练习多实例"来完成本节课的教学，主要采用情境→问题→实验→探究→迁移的教学模式，在循序渐进中，如激发兴趣→优化兴趣→稳定兴趣→强化兴趣，无意注意→有意注意→学科情感→人文素质教育，变"苦学"为"乐学"，达到课堂气氛活跃轻松，情境最优化设计，智力较大程度开发的目的，通过教师创造性地处理教材，提取课文陈述性知识的内容蕴含的方法教育素材，实施目标分层教学。 始终将学生置于研究者、探索者的位置，让学生通过自己的思考和活动来获取知识，学生主体参与教学可以使学生利用已有的认知结构，对各种信息进行选择、分析、判断、综合，主动构建对信息的解释系统。学生一旦成为课堂的主体，他们就不会被动地接受知识，而是主动地发现问题，提出问题，解决问题。这样可以让学生在学到知识的同时，发展智力，培养创造能力和开拓精神。在课堂播种一种行为，收获一种习惯，让学生经过一节课的"山重水复疑无路"，经过老师的指导和学生自己的探求，豁然开朗，达到"柳暗花明又一村"的目的。		

案例五：《离心现象及其应用》教学设计

东源中学　刁丽清

课　　题： 离心现象及其应用

教学时间： 40分钟

教学对象： 高一（下）

教　　材： 粤教版高中物理必修二第二章第四节

【教学内容分析】

1. 教材的地位和作用

离心现象及其应用是在学习了圆周运动及向心力的基础上，进一步探究、体会圆周运动的受力与运动关系。

2. 课程标准对本节的要求

了解生产生活中的离心现象及其产生的原因。

3. 教材内容安排

教学中应充分发挥学生学习的自主性和主动性，而不能由教师的讲解代替学生的思考，教师通过步步引导让学生自己通过观察和实验得出结论，并通过师生、生生之间的交流让学生对离心现象及其应用和防止的认识更深刻。

4. 教材的特点

本节课内容属于应用类的知识，因此，在教学中要充分结合生活中各种具体生动的实例进行教学，增强学生的感性认识，并最大限度地将课堂知识与日常生活密切联系起来，真正体现知识服务于生活，从而激发学生学习物理的兴趣。

5. 对教材的处理

让学生在掌握圆周运动和向心力的知识后对物体失去向心力或向心力不足时的运动情况结合实验进一步探究，从而认识和掌握离心现象在生产和生活中的应用。

【学生情况分析】

1. 学生的兴趣

高一学生对抽象的理论学习比较吃力，但好奇心和求知欲较强，喜欢通过具体生动的实例获取新知，喜欢动手操作，同时需要一定的独立思考空间。

2. 学生的知识基础

离心现象及其应用是在学习了圆周运动及向心力的基础上，进一步探究、体会圆周运动的受力与运动关系。

3. 学生的认识特点

容易从直观现象出发形成简单结论，不善于分析背后隐藏的物理规律。

4. 学生的迷思概念

潜意识认为离心现象的发生是因为物体受到了"离心力"作用。

【教学目标】

1. 物理观念

（1）知道什么是离心现象，知道物体做离心运动的条件。

（2）结合生活中的实例，知道离心运动的应用和危害及其防止。

2. 科学思维

（1）通过观察实验，让学生体会在什么条件下物体做离心运动，培养逻辑思维能力。

（2）让学生讨论交流如何利用离心现象为生产和生活服务和如何防止离心运动的发生。

3. 科学探究

通过观察、动手实验，培养独立思考能力和实验探究能力。

4. 科学态度与责任

认识到掌握科学规律将帮助我们利用自然规律为人类服务，同时能防止不利因素影响我们的生活。

【教学重点】

离心现象的发生是因为提供给物体做圆周运动的向心力不足或消失，通过观察实验让学生体会和总结物体做离心运动的条件。

【教学难点】

离心运动不是因为物体受到远离圆心的力，而是因为向心力不足或消失，物体由于惯性而产生离心现象。

【教学策略设计】

1. 教学组织形式

本节课始终坚持"教师为主导，学生为主体"的原则，以"寻找现象—发现问题—提出问题—解决问题—加以应用"为主线，各环节利用不同器材激发学生主动参与、积极思考，产生强烈的求知欲望，并通过探究性活动和有效设问引导解决本节课的重难点。

2. 教学方法

教学中首先通过实验观察，让学生认识离心现象及其产生条件，再结合学生交流活动，总结离心现象的本质。

3. 学法指导

从实验探究、讨论与交流环节引导学生认识离心现象的应用及其危害的防止，这样能充分发挥学生的自主性和主动性，更有利于知识的理解和应用。

4. 教学媒体设计

多媒体教室结合传统板书。

【教学用具】

教学环境：多媒体教室。

教学资源：用细绳拴着的小塑料球、离心分离器；PPT教学演示课件、Flash动画、视频。

【教学流程图】

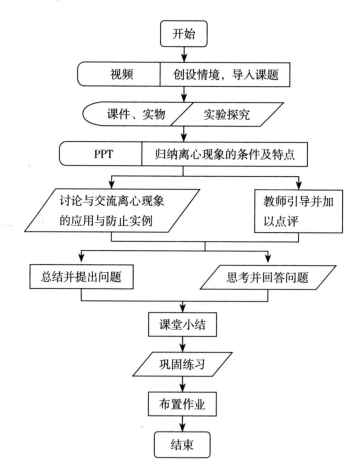

【教学过程设计】

教学环节和教学内容	教师活动	学生活动	设计意图
情景导入（3分钟）	播放视频： 1. 汽车挑战在竖直平面做圆周运动 2. 转盘上的人做离心运动 师：我们知道做圆周运动的物体之所以能够维持在圆周轨道上运动，是由于向心力的作用，一旦向心力不足或突然消失，它还能沿原来的轨道继续做圆周运动吗？如果不能又将如何运动呢？你能否做一个理论上的预测？	生：根据牛顿第一定律，如果向心力消失，物体将保持原有速度沿切线飞出。	通过播放两段有趣的视频导入，创设情境，激发学生学习兴趣，并充分运用已学过的知识引入新课题。
实验与探究（7分钟）	师：下面通过两个实验来验证我们的猜想，并请你运用已学过的知识加以解释。 1. 课件演示转台上乒乓球做远离圆心运动的实例； 2. 组织学生做实物演示：用细绳拴着一个小球，使之在竖直平面内做圆周运动，然后突然松手。 师：两个实验中的物体都做远离圆心的运动，是物体受到了远离圆心的外力的原因吗？请说说你的体会。	学生观看动画演示，分析说明实验现象，如：乒乓球随圆盘转动的向心力是摩擦力，刚开始转速小，所需向心力小，所受摩擦力足以提供向心力，但一旦转速增大，据公式可知所需向心力增大，而摩擦力不能随之增大，因而向心力不足，乒乓球就开始远离圆心了，并没有受到远离圆心的外力。 学生实物演示，进一步探究向心力突然消失时，物体将如何运动。	准备好实物及课件，让学生通过观察和实验，进一步探究向心力不足或突然消失时，物体将如何运动，并运用已学过的知识自己加以解释。
知识归纳（10分钟）	师：做圆周运动的物体，在所受合外力突然消失或不足以提供圆周运动所需的向心力的情况下，就会做逐渐远离圆心的运动，这种现象称为离心现象。那么，发生离心现象的条件是什么？ （以下是PPT展示）	总结与归纳离心现象的定义及条件。	PPT演示课件，归纳本课的知识要点。

教学环节和 教学内容	教师活动	学生活动	设计意图
知识归纳 （10分钟）	**1.定义** 做圆周运动的物体，在所受合外力突然消失或不足以提供圆周运动所需的向心力的情况下，就会做逐渐远离圆心的运动，这种现象称为离心现象。 **2.条件** ① 向心力突然消失 ② 合外力不足以提供做圆周运动所需的向心力 对离心运动的进一步理解： 当 $F = mr\omega^2$ 时，物体做匀速圆周运动； 当 $F = 0$ 时，物体沿切线方向飞出； 当 $F < mr\omega^2$ 时，物体逐渐远离圆心； 当 $F > mr\omega^2$ 时，物体逐渐靠近圆心。 **3.说明：** （1）离心现象的本质是物体惯性的表现。 （2）做圆周运动的质点，当合外力消失时，它就以这一时刻的线速度沿切线方向飞出；当合外力不足以提供向心力时，做半径越来越大的远离圆心的曲线运动。 （3）做离心运动的质点不存在所谓的"离心力"作用，因为没有任何物体提供这种力。		

续 表

教学环节和教学内容	教师活动	学生活动	设计意图
讨论与交流（15分钟）	一、离心现象的应用 师：同学们对离心现象的受力与运动有了进一步的认识。那么，离心现象有什么好处？生活中有哪些应用了离心现象的例子？请相互交流一下。 对学生的回答进行点评并总结，提出问题： 要使原来做圆周运动的物体做离心运动，该怎么办？ 二、离心现象的防止 师：离心有时也是有害的，比如？ 提问：要防止离心现象发生或造成伤害，该采取什么措施？	一、离心现象的应用 生1：雨天通过旋转雨伞来甩干雨伞上的水滴，雨伞作用到水滴的最大附着力也满足不了水滴所需向心力时，水滴就会做远离圆心运动而被甩出去。 生2：田径比赛中的链球项目通过预摆和旋转来完成，高速旋转时突然松手，链球就沿切线方向飞向远处。 生3：离心机械，如离心干燥器、洗衣机的脱水筒…… 生4：化学实验室中，用离心分离器对浑浊液体里的固体微粒进行快速沉淀。（结合离心分离器进行实验操作，对化学反应物进行快速沉淀） 生5：离心泵 生6：体温计 …… 思考： 生1：提高运动速度，使所需向心力大于能提供的向心力； 生2：减小合外力或使其消失 二、离心现象的防止 生1：汽车转弯 生2：高速转动的砂轮、飞轮	结合PPT教学演示课件、Flash动画、离心分离器等资源帮学生对离心现象获得进一步认识。

续 表

教学环节和教学内容	教师活动	学生活动	设计意图
讨论与交流 （15分钟）		思考： 生：限速、限质量、增大向心力、加防护罩…… 不站在与圆周运动物体处于同一平面内的位置；	
小结与巩固练习 （5分钟）	对本节课的知识进行小结，并布置作业。	回忆本节课所学知识，并做好课堂的巩固练习。	利用PPT教学演示课件出示练习题，巩固新知。

【板书设计】

离心现象：

1. 定义：做圆周运动的物体，在所受合外力突然消失或不足以提供圆周运动所需的向心力的情况下，就会做逐渐远离圆心的运动，这种现象称为离心现象。

2. 条件：①$F=0$；或②$F<mr\omega^2$

3. 应用：投掷链球，离心干燥器、离心分离器、离心水泵等

方法：①增大速度；②减小合外力或使其消失

4. 防止：①汽车转弯；②砂轮、飞轮的限速，加防护罩。

方法：①减小速度；②增大合外力。

【教学反思】

本节课的设计较符合新课标的要求，即突出学生的主动性和自主性，注重实验探究与学习活动设计。

1. 总结本次课的成功之处

（1）课堂导入新颖，通过两个简短视频将做圆周运动的物体与可能发生离心或近心运动的情况联系起来，使学生直观地认识到物体做圆周运动的原因及条件，从而导入新课，即一旦条件消失物体将会如何运动，视频有效地激发了

学生的学习兴趣。

（2）突出了观察与实验，通过简单器材设计的实验，有效地引出贯串本节课的两个问题，即发生离心运动的两个条件，这两个问题的分析和解决便构成了整节课的逻辑主线，从而得以有效实施教学。

（3）体现了师生、生生之间的互动与交流，通过讨论与交流的环节，使学生积极动脑思考，将课堂知识与日常生活联系起来，深化理解，并大胆发表自己的见解，有效锻炼了学生的表达能力，体现了学生的自主性。

（4）教学内容安排较为合理，充分开发和整合了教学资源，信息形式多样化，从而使教学内容变得生动有趣。

（5）充分恰当地使用了各种教学媒体，将现代化教学设备与传统媒体结合起来，发挥了各自的最大优势。

2. 本节课没有达到预期效果的地方

（1）细节问题没有处理好，如演示操作离心分离器时，可让学生来操作体验，对实验结果应让学生先进行分析，教师再来总结。

（2）整节课给学生的参与时间和空间还不够，没有最大限度地发挥学生的集体智慧，教师要注重激发学生发表自己见解的欲望，将学习气氛调动起来。

（3）对离心现象的应用与防止，学生的讨论与交流不够充分，学生显得较为拘谨，这要求教师做好步步引导并营造好课堂气氛。

（4）教学环节间的过渡性语言没有设计好，对教学流畅性有一定影响，也会影响师生之间的配合度。

【本教学设计的创新之处】

本节教学最大的特点是突出观察与实验，并重视离心现象与日常生活的联系。知识点不多，属于应用类的知识，故本节课设计为以学生观察实验与探究为主，故学习评价主要在讨论与交流环节进行，教师对学生在讨论中发表的看法要及时给予评价，并给予一定的鼓励。

案例六：《摩擦力》教学设计

龙川县第一中学　叶景青

课　　题：摩擦力

教学时间：40分钟

教学对象：高一（上）

教　　材：2019年人教版高中物理必修一第三章第二节

【教学内容分析】

1. 教材的地位和作用

《摩擦力》是《普通高中物理课程标准（2017年版）》必修课程必修1模块中"相互作用与运动定律"主题下的内容。摩擦力是力学中的三大性质力之一，正确认识摩擦力对后面知识的学习有着至关重要的作用。

2. 课程标准对本节的要求

知道滑动摩擦和静摩擦现象，能用动摩擦因数计算滑动摩擦力的大小。

3. 教材内容安排

本节主要是探究滑动摩擦力和静摩擦力的规律，了解生活、生产中对摩擦力的调控方法。对于滑动摩擦力，首先让学生定性地感受影响滑动摩擦力的因素，然后定量地探究滑动摩擦力跟压力的关系。对于静摩擦力，首先弄清楚静摩擦力产生的条件及静摩擦力的方向，然后探究最大静摩擦力的大小。

4. 教材的特点

注重结合生活实际，注重实验探究。

5. 对教材的处理

初中定性地认识了滑动摩擦力，高中教材在这一基础上，通过实验，归纳出滑动摩擦力与压力、接触面粗糙程度的定量关系。此外，教材还通过生活实例引出了静摩擦力、最大静摩擦力；学完本节，除了认识滑动摩擦力、静摩擦力的特点外，也应该认识到摩擦力相关知识在生活中的应用。

【学生情况分析】

在初中阶段，学生已经定性地认识了摩擦力。本节内容是对初中内容的延伸与深化，进一步探究滑动摩擦力和静摩擦力的规律，了解生活、生产中对摩擦力的调控方法。学生要定量研究滑动摩擦力与压力、接触面粗糙程度的定量关系。对于静摩擦力，学生要弄清楚静摩擦力产生的条件及静摩擦力的方向，然后探究最大静摩擦力的大小。

【教学目标】

1. 物理观念

知道影响滑动摩擦力大小的因素；知道静摩擦力产生的条件；知道最大静摩擦力的概念。

2. 科学思维

通过实验，得出滑动摩擦力与压力、接触面粗糙程度的定量关系；通过联系生活，认识静摩擦力、最大静摩擦力，在此基础上，进一步拓宽视野，了解摩擦力在生活中的应用，这也体现了物理源于生活，同时应用于生活。

3. 科学探究

教材围绕滑动摩擦力，采取了控制变量法，先探究滑动摩擦力与压力大小的关系，再探究滑动摩擦力与接触面粗糙程度的关系，最后归纳出滑动摩擦力与二者的定量关系。

4. 科学态度与责任

学生通过对物理知识的探究会进行逻辑思维和推理判断，在分析中深化认识，提升理解，实现综合素质的提高。

【教学重点】

（1）静摩擦力的方向判断。

（2）影响滑动摩擦力大小的因素。

（3）滑动摩擦力大小的计算问题。

【教学难点】

（1）静摩擦力的方向判断。

（2）验证影响滑动摩擦力大小的因素。

【教学策略设计】

（1）教学组织形式：班级授课、小组合作学习。

（2）教学方法：实验探究、分组实验法、讲授法。

（3）学法指导：教师启发、引导学生思考，讨论、交流学习成果。

【教学用具】

多媒体课件，图片等；木块1个/组，薄木板1个/组，弹簧测力计2个/组；纸、塑料、毛巾等。

【教学流程图】

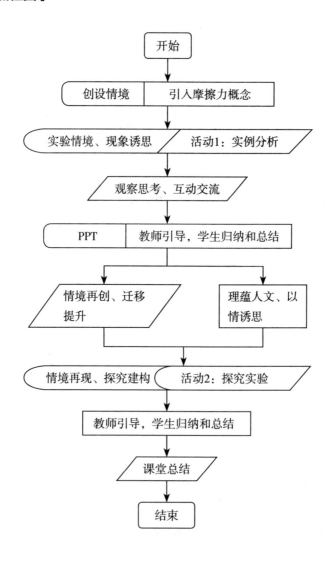

【教学过程设计】

教学程序	教师活动	学生活动	设计意图
引入新课	出示图片：航空母舰的甲板，篮球的表面，轮胎的花纹和防滑链，楼梯的防滑条 教师提问： 你知道为什么它们的接触面都很粗糙吗？	观看图片，学生思考并回答问题。	使学生了解物理在生活中的应用。
新课教学 一、滑动摩擦力 1.定义 2.条件	教师引导分析：通过三组模型对比总结滑动摩擦力产生的条件。 一、滑动摩擦力 1.定义：两个相互接触的物体，当它们相对滑动时，在接触面上会产生一种阻碍相对运动的力，这种力叫作滑动摩擦力。 2.产生条件：接触面粗糙、接触面间有弹力、相对运动	观看实例，分析情景，通过三组模型对比总结滑动摩擦力产生的条件。	通过个体模型的对比和实例的分析，总结出普遍规律，体现科学研究的方法。
3.方向	教师引导学生归纳滑动摩擦力的方向。 3.方向：总是沿着接触面，并且跟物体相对运动的方向相反。	通过图片情景分析和视频实验观察，思考如何分析滑动摩擦力的方向。	促进学生科学思维的提高，锻炼学生归纳总结的能力。
4.大小	播放实验视频，讲解实验设计，引导学生观察、采集数据，教授学生科学分析数据的方法。 4.大小：在同一接触面，滑动摩擦力的大小跟压力的大小成正比。	观察实验并读取数据，通过科学的分析方法，得出滑动摩擦力大小的规律。	利用探究实验和科学分析数据的方法得出结论，培养学生科学研究的方法，也体现了物理学是一门实验科学。
二、静摩擦力 1.定义	播放利用静摩擦力吊起汽车的视频，引导学生分析其中的科学原理，引出静摩擦力概念。 1.定义：相互接触的两个物体之间只有相对运动的趋势，而没有相对运动时，这时的摩擦力叫作静摩擦力。	学生思考分析，得出静摩擦力概念。	通过学习让学生体会从物理视角观察分析问题，开阔科学思维，提升学生解释实际问题的能力。

续 表

教学程序	教师活动	学生活动	设计意图
2. 方向	演示用毛刷体验静摩擦力的方向。 2. 方向：沿着接触面，跟物体相对运动趋势的方向相反。	通过观察，总结出不同情况下静摩擦力方向的共同特点。	静摩擦力的方向是难点，通过演示实验，可以增加学生对静摩擦力方向的体验。
3. 大小	探究静摩擦力的大小随拉力的变化。 3. 大小：静摩擦力的大小随着拉力的增大而增大，并与拉力保持大小相等。最大静摩擦力在数值上等于物体即将开始运动时的拉力。	通过观察，发现静摩擦力的变化，并且意识到存在最大静摩擦力。	利用探究实验得出结论，培养学生科学研究的方法，也体现了物理学是一门实验科学。
实践应用	展示例题，组织学生回答，并及时评价。 1. 关于滑动摩擦力，下列说法正确的是（ ） A. 压力越大，滑动摩擦力越大 B. 相互接触并有相对运动的两物体间必有滑动摩擦力 C. 滑动摩擦力的方向一定与物体的运动方向相反 D. 动摩擦因数不变，压力越大，滑动摩擦力越大 2. 在我国东北寒冷的冬季，有些地方用雪橇作为运输工具。若雪橇连同车上木料的总质量为 4.9×10^3 kg。雪橇与冰面的动摩擦因数为0.02。在水平的冰道上，马要在水平方向用多大的力，才能够拉着雪橇匀速前进？g取10 N/kg。 3. 水平面上有一重为40 N的静止物体，物体与水平面间的动摩擦因数为0.2，设最大的静摩擦力等于滑动摩擦力。求：（1）用向右的水平力 $F_1=13$ N推物体时，物体所受摩擦力的大小和方向。 （2）用向左的水平力 $F_2=6$ N推物体时，物体所受摩擦力的大小和方向。	学生积极思考回答问题，将掌握的概念应用到具体问题中，提升应用物理知识解决问题的能力。	巩固对知识的掌握、分析、应用的能力，了解学生的情况和存在的问题，并达到知识迁移的目的。

教学程序	教师活动	学生活动	设计意图
融合提升	引导学生分析解决生活问题。 1. 分析掷冰壶、滑雪、走路时受到的摩擦力情况。 2. 观看用摩擦力吊起汽车，尝试用网球垒成塔。	将所学的知识应用于生活实践。	学生了解到物理就在我们身边，激发学习物理的兴趣，了解科学、社会的关系。
学习总结	本节的重点是会区分滑动摩擦力和静摩擦力，并能够判断方向和计算大小。	通过总结加深对重点知识的掌握。	提升学生归纳总结的能力，形成良好的学习习惯。

【教学反思】

　　对于摩擦现象学生已有一定的感性认识，本教学设计根据这一认知实际，在教师的引导下通过学生亲身经历探究活动的过程，了解摩擦力的规律，实现学科核心向学生核心的转移，让学生主动获取知识；通过具体事例将知识应用于生活和生产实际，让学生体会物理知识的应用价值，培养学生热爱科学的态度与价值观。

应用丰富的物理学史培养学生的科学精神

案例七：《电磁感应现象》教案

广州大学附属东江中学　罗双林

课　　题：电磁感应现象

教学时间：40分钟

教学对象：高二（上）

教　　材：粤教版高中物理选修3-2第一章第一节

【教学内容分析】

1. 教材的地位和作用

从物理学角度看，电磁感应在电磁学中的地位举足轻重。如果说静电场和磁场的知识是电磁学的基础，那么，电磁感应就是电磁学的核心。正是由于电磁感应现象的发现，才使电与磁的关系被全面地揭示出来。在电磁感应的发现过程中，科学家的思考、探索中的迷失以及最后的成功，给予我们多方面的教育和启迪。这些都是落实学科素养不可或缺的素材。

2. 课程标准对本节的要求

收集资料，了解电磁感应现象的发现过程及相关历史，体会人类探索自然规律的科学态度和科学精神。

3. 教材内容安排

电磁感应现象以及相关规律是本章的重点，教科书对电磁感应现象、规律及应用分三个阶段进行阐述，其中第一节"电磁感应现象"重点阐述了电磁感应现象的发现过程，以及由此引出的两个概念：电磁感应现象和感应电流。

4. 教材的特点

本节内容以电磁感应现象的发现历史为主轴，阐述了人类在探索丰富多彩的自然现象的奥秘过程中的艰辛，揭示了人类在认识自然的过程中并不是一帆风顺的，只有坚定信念，艰苦奋斗，才能够到达胜利的彼岸。电磁感应现象的发现是科学发展史上划时代的发现，法拉第利用电磁感应现象，发明了人类历史上第一台发电机——圆盘发电机，实现了机械能向电能的转化。近100多年来人类社会的发展，充分说明了电磁感应现象的发现对社会进步的积极推动作用。

5. 对教材的处理

本节内容是学生在学习了电场和磁场以及电路的基础上，为了进一步探究电和磁之间的内在规律所安排的一节很有人文精神的内容，并未涉及很深的定量关系。为了让学生了解电磁感应现象的发现史，本节课分为三个阶段：课题的提出、失败的启迪、成功的诀窍，层层递进，揭示电磁感应现象发现史所蕴含的科学思维方法，提升学生的物理学科核心素养。

【学生情况分析】

1. 学生的兴趣

学生在认识电场，认识磁场的基础上，对电磁现象充满了好奇，对自然现象充满了好奇，更希望通过学习来了解现象背后所蕴含的内在联系及相关规律，达到知其然，更知其所以然的不懈追求，学生的好奇心是学生求知求学的内在动力。

2. 学生的知识基础

学生学习了电场和磁场的相关内容，对"场"的概念有了一定的了解，初中已对电磁感应有初步了解，相关内容在高中的教材中更完整，对学生建立完整的知识框架有很大的帮助。

3. 学生的认识特点

高中学生的认知更具有系统性，对事物之间的联系的认知更具有内生动力。

4. 学生的迷思概念

学生初中学过了简单的电磁感应现象，即导体切割磁感线，但并未涉及过多的物理学史的问题，高中内容更完整，导体切割磁感线只是发生电磁感应的一个特例，并不是电磁感应的全部，对学生来讲要再丰富其知识架构。

【教学目标】

1. 物理观念

从"电生磁"到"磁生电"，让学生深刻认识到电磁之间的联系，同时认识到自然界中的电磁统一，在认识自然的过程中逐渐学会用"运动"的观点看待事物之间的联系，用"联系"的观点分析事物的运动规律。

2. 科学思维和科学探究

在"电生磁"的基础上大胆猜想：既然电能生磁，那么磁也能生电？众多科学家为此贡献了大量精力，法拉第发现磁能生电后，继续进行了大量的实验研究，通过反反复复的实验，渐渐悟出了"动"与"静"的区别，总结了磁生电的条件。

3. 科学态度与责任

任何一项划时代的发现都不是一蹴而就的，需要科学家们通过坚定的科学信念，运用科学的思想和方法，通过艰辛的探索得到。引导学生体会科学家们的探索过程，培养学生的科学态度和责任，以科学家不怕失败、勇敢面对挫折的坚强意志激励学生。

【教学重点】

通过电磁感应现象的发现历程，重现科学发展史，通过磁生电的发现史，让学生知道如何科学地提出问题，如何验证自己的猜想，让学生知道"电"和"磁"之间具有紧密的联系，进而为进一步探究电磁感应现象的内在规律做好铺垫，让学生领悟到科学思维和科学方法在认识自然及发现规律中的重要作用。

【教学难点】

大胆地猜想，小心地求证，领悟科学严谨的探究方法。通过学习科学发现的艰难历程，培养学生不怕失败、勇敢面对挫折的坚强意志。

【教学策略设计】

（1）教学组织形式：以班级为整体，分为四个小组，小组之间讨论交流，分享学习心得。

（2）教学方法：查阅教材，应用网络增加相关历史资料，以问题提出—失败启迪—成功诀窍为主线，学生谈谈感受。

（3）学法指导：以历史为主轴，通过查阅资料、实验探究，学生分享学习感受，让科学家的科学精神内化于心。

（4）教学媒体设计：准备相关的视频、图片等。

【教学用具】

教材、黑板、实验仪器、计算机教学系统。

【教学流程图】

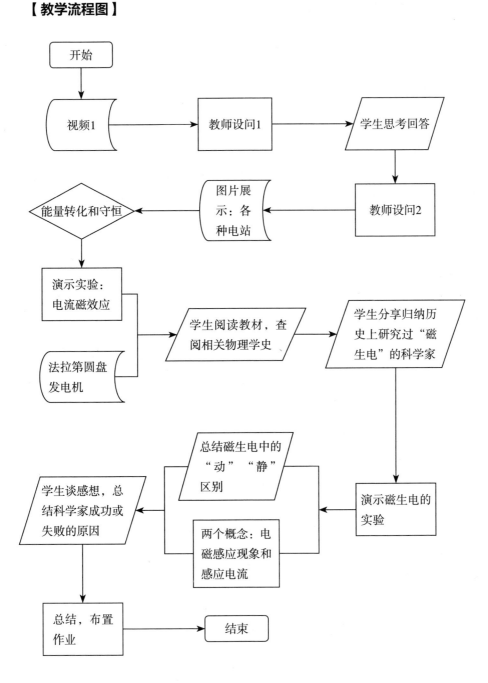

【教学过程设计】

教学环节和 教学内容	教师活动	学生活动	设计意图
观看视频: 电在生活中的普遍应用,从个人电子产品,到家庭电器的工作。(5分钟)	电在生活中的作用能被替代吗?	学生回答,说出电在现在21世纪的生活中不可替代的作用。	疑问好奇来自生活,为本节课做认识上的铺垫。
	既然电在我们生活中的作用无可替代,那么"电"来自哪里?(图片展示)	学生思考回答出水力发电站、火力发电站、核电站等。	了解发电厂、电站的能量转化,引出发电站的发电功能,提出发电机。
阅读教材,了解相关物理学史,同时谈谈自己的感受。(20分钟)	演示实验:电流的磁效应; 展示图片:世界上第一台发电机——法拉第圆盘发电机	学生阅读课本,了解相关物理学史。	通过层层设问,引出电的来源,即如何产生"电",吸引大家了解人类认识磁生电的艰辛探索历史。
	通过阅读思考,历史上哪些科学家对电的产生有过探索?为什么大家的研究都瞄准了"磁"?他们都有什么样的结果?为什么最后法拉第成功了?说出背后的偶然性和必然性。	学生总结相关内容:奥斯特发现了电流的磁效应;法拉第成功发现磁生电。谈谈电流磁效应发现的意义。	了解科学史,培养科学态度与责任。
演示实验,实验总结(10分钟)	磁如何生电,教师演示几种实验,学生观察总结。引出两个概念:电磁感应现象和感应电流。	学生观察实验,通过几个磁生电的实验,总结出"动态"与"静态"的区别。对比前几位科学家的实验工作,总结法拉第成功的原因。	告诉大家成功需要不懈的努力和敏锐的洞察力,培养学生的科学态度。
小结(5分钟)	总结,布置作业	反思总结,写下心得等。	使知识内化于心,提升素养。

【板书设计】

电磁感应现象

（1）问题的提出：统一的信念，对称的思想。

（2）失败的启迪：突破传统，才能创新。

（3）成功的诀窍：不懈的努力，敏锐的洞察力。

【本教学设计的创新之处】

本教学设计突破了物理课传统的重理轻文的理念，在立德树人的根本要求下，如何提升学生的素养是摆在科任教师面前需要思考的问题，通过丰富的物理学史，不仅可以以重现的方式让学生理解物理内容，也可以从物理学史中领悟到科学家们的科学精神、科学态度，这有利于培养学生的科学责任和态度，用物理学史提升学生的人文素养，为学生追求更高层次的学习提供源源不断的精神动力。

案例八：《研究产生感应电流的条件》教案

河源市田家炳实验中学　邱雪梅

课　　题：研究产生感应电流的条件

教学时间：40分钟

教学对象：高二（下）

教　　材：粤教版普通高中课程标准实验教科书《物理》（选修3-2）第一章《电磁感应》第二节的内容

【教学内容分析】

1. 教材的地位和作用

本节内容通过实验总结出感应电流产生的条件，揭示了电和磁的内在联系，对电场感应现象进行了拓展，同时是楞次定律和法拉第电磁感应定律的基础，起到承上启下作用。此外，电场感应现象还与人们的生产技术、科学研究有密切的联系，学习本节课具有重要的现实意义。

2. 课程标准的要求

通过实验，理解感应电流的产生条件；举例说明电磁感应在生活和生产中的应用。

3. 教材内容安排

本节通过三个系列探究实验，分别利用蹄形磁铁的磁场、条形磁铁的磁场、通电螺线管的磁场，引导学生利用控制变量法，观察、分析实验结果，将学生的思维逐步引向感应电流形成的根本原因——闭合电路中的磁通量发生了变化，从而帮助学生理解本节的重点与难点。

4. 教材的特点

第一，教材注重知识的应用，培养学生分析解决生活和生产问题的能力；第二，注重产生感应电流条件的分析过程，培养学生发现自然规律的能力；第三，注重提高学生的综合思考、科学研究能力。

5. 对教材的处理

（1）考虑到学生的接受能力，本节内容主要分成两个部分进行处理：第一部分主要是学生经历自主探究实验过程；第二部分是老师引导学生分析总结实验，得出产生感应电流的条件——穿过闭合电路的磁通量发生变化。

（2）合理分配教学时间，学生自主探究过程和分析过程是本节课突破重点难点的关键，安排的时间较长，分别为18分钟和12分钟，共30分钟，其他时间主要用于引入和练习。

（3）加强多媒体的使用。有效合理地使用多媒体播放相关的图片、flash动画和视频等，为学生分析总结出产生感应电流的条件提供更形象的依据，方便学生理解。

【学生情况分析】

1. 学生的兴趣

经过高一一年的学习，高二的学生已经有了一定的逻辑思维能力，积累了一定的生活经验，掌握了一定的科学知识，对自然和社会已有了一定的认识，他们不但有好奇心，并且产生了求知欲，但抽象思维能力还不够强。在教学中，不但要利用学生已有的知识进行引导启发，让他们能通过自己的分析思考得出新的知识，更要注重学生抽象思维能力的培养，提高学生认识更多事物的本领。

2. 学生的知识基础

学生在初中已经学过闭合电路的部分导体切割磁感线运动会产生感应电流，在选修3-1已经学习了电场和磁场的相关知识，对磁通量有一定的认识，为学习本节课打下了基础。

3. 学生的认识特点

在日常生活中，学生很少有机会接触到电磁感应现象，对闭合电路产生感应电流的条件可以说没有任何认识。考虑学生的实际情况，教学时应密切联系已有知识，引导学生通过亲自动手实验来归纳实验结论，把突破难点的过程当成巩固和加深对已有知识的理解应用过程，从而培养学生分析问题的能力。

4. 学生的迷思概念

电磁感应、磁通量变化、感应电流。

【教学目标】

1. 物理观念

（1）知道产生感应电流的条件；

（2）理解"不论用什么方法，只要穿过闭合电路的磁通量产生变化，闭合电路中就有感应电流产生"。

2. 科学思维

通过学生分组实验，培养学生实际操作、观察、分析、归纳和推理能力，养成科学思维的方法。

3. 科学探究

通过师生互动，学生口、手、脑并动，发挥学生的主观能动性，引导学生自主学习，展示学生个性，通过实验进行比较和思考，概括出产生感应电流的条件，培养学生分析问题、解决问题的能力。

4. 科学态度与责任

（1）通过经历电磁感应再发现，体会并学习科学家们研究科学的态度，在学习中树立持之以恒的信心；

（2）认识"从个性中发现共性，再从共性中理解个性，从现象认识本质以及事物有普遍联系"的辩证唯物主义观点。

【教学重点】

感应电流产生的条件。

【教学难点】

感应电流产生的条件。

【教学策略设计】

1. 教学组织形式

教学过程按照"实验引题—微机模拟—实验验证—师生互动—得出规律—巩固练习"的思路进行，引导学生积极地发现问题、分析问题、总结问题，加深学生对重点知识的理解，最重要的是学生通过这个过程潜移默化地感受到"实践—认识—再实践—再认识"的认知规律，充分体现"教师主导，学生主体"的教学原则。

2. 教学方法

本节课主要采用实验探究、启发引导的教学方法，通过多媒体教学创设情境，激发学生的学习兴趣。

3. 学法指导

本节课采用互动探究法、合作学习法、操作实践法、归纳总结法，培养学生观察、分析、概括、总结、理论联系实际的学习能力；引导学生联系已有的知识，加深对新知识的理解，在此基础上完成学习任务。

4. 教学媒体设计

教材、黑板、实验仪器、计算机教学系统。

【教学用具】

手摇式发电机、线圈、导体棒、灵敏电流表、条形磁体、U形磁体、导线、学生电源、开关、滑动变阻器等。

【教学流程图】

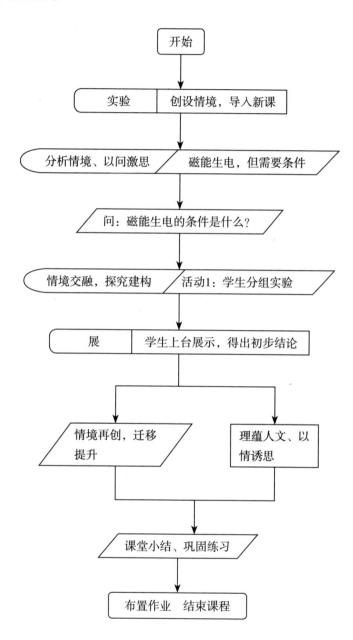

【教学过程设计】

教学环节和教学内容	教师活动	学生活动	设计意图
新课引入 教师：1820年奥斯特告诉人们，通电导线周围有磁场，表明了电能生磁。那磁能不能生电呢？经过上节课的探究，答案是肯定的。演示手摇式发电机。证实：磁能生电，但是需要一定的条件。提出疑问：磁能生电的条件是什么？	设疑：磁是否能生电？ 演示手摇式发电机。 提出疑问：磁能生电的条件是什么？	观察实验现象。 思考。	从电能生磁引发磁是否能生电的疑问，通过课堂实验验证，让学生直观了解磁是能生电的，按照学生认知规律提出问题：磁生电需要一定的条件，条件是什么？激发学生求知欲。
1.学生分组实验 学生分小组阅读课本相关内容，根据提供的实验仪器设计实验方案。	介绍实验仪器，引导学生进行小组实验。到各小组观看学生实验，并进行适当的指导。	分小组进行产生感应电流实验研究。 （1）利用蹄形磁体的磁场 （2）利用条形磁体的磁场 （3）利用通电螺线管的磁场	利用实验得出结论，激发了学生的兴趣，也提高了学生课堂参与度。 强调实验注意事项，能让学生养成严谨的科学态度。 让学生自己进行探究实验，能让学生形成独立思考问题、寻找解决方案的习惯，并在实验中享受寻求真理的过程和体会成功后的快乐。
2.实验成果分享 学生分享小组的实验方案，进行小组实验，分析讨论得出结论，分享成果。	鼓励学生上台展示自己的实验成果，让学生分享他们实验的结论。	上台演示，分享成果，讨论分析总结。	让学生上台分享实验成果，增强了同学间的友谊，也让他们体会到了合作的好处，同时锻炼了学生的分析总结和口头表达能力。让学生真正体会到实验才是检验真理的标准，能培养他们实事求是的世界观。

教学环节和教学内容	教师活动	学生活动	设计意图
3.情境再创，迁移提升 播放动画模拟视频，引导学生观察闭合电路中的磁场（磁感线）变化的动态过程。 师生共同总结，得出感应电流产生的条件：只要穿过闭合电路的磁通量发生变化，闭合电路中就会产生感应电流。	通过动画模拟分析，引导学生发现产生感应电流的条件与磁通量的变化有关，最后汇总实验结果，得出同一结论。	观察，思考，得出同一结论。	通过动画模拟创设情境，使物理模型具象化，更有利于引导学生发现问题，寻找到所有实验的共同点，得出结论。训练学生建模能力，同时提升总结归纳能力。
随堂练习 课堂小结 布置作业	给出练习，师生共同完成解答过程。 引导学生完成本课小结。 展示作业。	思考，练习；学生概括主要内容，谈感想。	检查学生掌握情况。总结本节内容，提高学生自主小结的能力。 为下节课楞次定律的学习埋下伏笔。

【板书设计】

研究产生感应电流的条件

一、实验观察

二、分析论证

三、感应电流产生的条件：穿过闭合电路的磁通量发生变化，闭合电路中就有感应电流产生。

【本教学设计的创新之处】

本课以探究式学习模式为主，结合问题法、演示法、启发法、归纳法、多媒体辅助法等教学方法；通过实验引入（产生疑问）、设计实验、学生探究、展示分享、分析归纳、得出结论、拓展引用的教学过程，完成学生能力的培养；利用学案完成实验内容设计的引导，便于学生在有限的时间内完成相关的实验设计和现象记录，并得出最后的实验结论；通过学生上台展示，提高学生表达与分享的能力，同时培养学生的团队合作精神。教学中还通过flash动画重现物理情境，把抽象问题具象化，更便于学生思考分析得出结论。

应用问题情境教学案例与分析

案例九：《力的合成与分解》教案

河源市田家炳实验中学　邱雪梅

课　　题：力的合成与分解

教学时间：40分钟

教学对象：高一（上）

教　　材：广东教育出版社《物理》必修1第三章

【教学内容分析】

1. 教材的地位和作用

（1）"力的合成"是研究力的等效关系后，依据等效思想总结出力的平行四边形定则。"力的分解"是"力的合成"的逆运算，要使学生了解平行四边形定则既是力的合成规律，也是力的分解规律。

（2）平行四边形定则是矢量运算普遍遵循的法则，而矢量运算贯串高中物理的始终，因此本节内容为以后学习矢量运算奠定了基础，对后续学习物体平衡、牛顿第二定律等内容将产生重要影响，具有承上启下的作用。

2. 课程标准对本节的要求

课程标准明确要求本节内容为"通过实验，理解力的合成与分解"。即对力的合成与分解的学习应达到理解的水平，并且需要通过实验加深理解，尤其可以通过生活中的实例帮助理解，要求学生能用力的合成与分解分析日常生活中的问题，体现物理与生产、生活的联系。

3. 教材内容安排

本节内容主要分为两部分进行处理：一是从力的合成的角度，得出合力与分力的关系以及运用平行四边形定则解决简单的物理问题；二是探究力的分解，如何按力的作用效果来分解一个已知的力，从学生的亲身体验来感受。

4. 教材的特点

第一，教材注意学生的认知规律，从简单到复杂，从单一到综合；第二，注重平行四边形定则的应用；第三，注重利用各种类型实验让学生学习物理知识，并且强调学生的自主探究；第四，重视物理知识与实际生活的紧密联系。

5. 对教材的处理

利用教材中的例题作为引导完成力的合成与分解的方法应用。

【学生情况分析】

1. 学生的兴趣

学生对实验操作有兴趣，对未知世界有强烈好奇心。

2. 学生的知识基础

学生已经学过几种常见的力、力的等效和替代以及力的图示等相关知识。

3. 学生的认识特点

一方面，学生在生活经验中已具备一些合力和分力的感性认识；另一方面，学生对物体合力与分力的关系还存在一些错误的概念（其中最为典型的是，有的学生认为"合力一定大于分力，分力一定小于合力"），并不了解合力与分力的实质，也不能理性地分析和解释力按效果分解的问题。

4. 学生的迷思概念

平行四边形定则、力按效果分解。

【教学目标】

1. 物理观念

（1）理解力的平行四边形定则。

（2）初步运用力的平行四边形定则计算共点力的合力。

2. 科学思维

（1）认识力的分解有多种不同的方法，并能根据具体的情况运用力的平行四边形定则计算分力。

（2）能够通过实验演示，归纳出互成角度的两个共点力的合成遵循平行四边形定则。

（3）经历定则的具体应用过程，理解力的合成和分解方法。

3. 科学探究

通过实验感受力的作用效果，并能应用到力的分解中来。

4. 科学态度与责任

（1）培养学生的物理思维能力和科学研究的态度。

（2）培养学生透过现象看本质、独立思考的习惯。

【教学重点】

运用力的平行四边形定则计算合力与分力。

【教学难点】

判断力的作用效果及分力之间的关系。

【教学策略设计】

1. 教学组织形式

在教学指导思想上，始终坚持"教师为主导，学生为主体"的原则，通过教师创设问题情境和有效的问题引导，让学生亲历物理知识的建构过程。

2. 教学方法

综合应用实验演示、讲授、谈话和讨论等多种方法，并辅以多媒体等手段，把教学过程设计成以学生对日常生活中"力的合成与分解"现象为切入点，以观察实验和已有知识为基础，以亲身体验为主线的交流的过程。

3. 学法指导

让学生尝试自己观察思考、描述实验现象，分析概括，得出结论；使学生在获取知识过程中，领会物理学的研究方法，同时受到科学思维方法训练。

4. 教学媒体设计

求真小视频、平行四边形"示教仪"、多媒体课件、希沃授课助手。

【教学用具】

（1）教具准备：多媒体课件、希沃授课助手、自制教具、台秤、重物、斜面、小车。

（2）课前预习：学案。

【教学流程图】

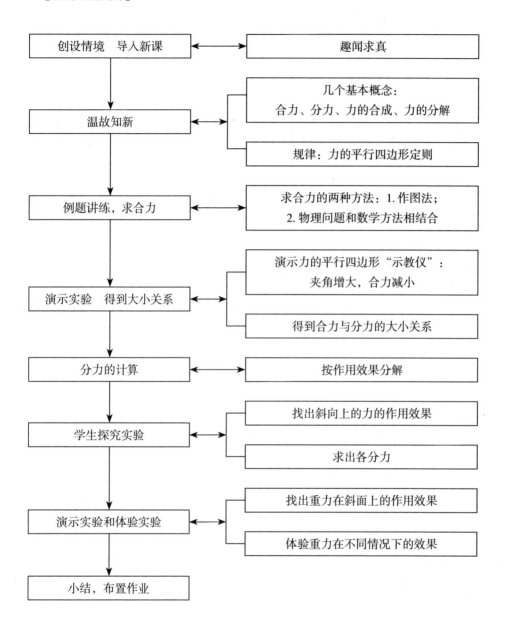

创设情境　导入新课 ←→ 趣闻求真

温故知新 ←→ 几个基本概念：
合力、分力、力的合成、力的分解

规律：力的平行四边形定则

例题讲练，求合力 ←→ 求合力的两种方法：1. 作图法；
2. 物理问题和数学方法相结合

演示实验　得到大小关系 ←→ 演示力的平行四边形"示教仪"：
夹角增大，合力减小

得到合力与分力的大小关系

分力的计算 ←→ 按作用效果分解

学生探究实验 ←→ 找出斜向上的力的作用效果

求出各分力

演示实验和体验实验 ←→ 找出重力在斜面上的作用效果

体验重力在不同情况下的效果

小结，布置作业

【教学过程设计】

教学环节和 教学内容	教师活动	学生活动	设计意图
［创设情境，引入新课］ 趣闻求真：女生一人拉动4名男生，播放视频。 设疑：视频的现象可能是真的吗？是否真的能"以弱胜强"？引出课题。	PPT展示新闻标题和相关图片，形成对比。播放视频，设置悬念：视频内容是真的吗？里面隐含了什么样的物理奥秘呢？ 引出本节内容：力的合成与分解。	观察 思考	利用一个小趣闻引出本节的课题，提出疑问，激发学生的兴趣和求知欲。
［温故知新］ 回顾上节课的内容总结出规律，引出力的平行四边形定则。同时PPT画出对应的平行四边形定则图样。	回顾上节课主要内容：几个基本概念（合力、分力、力的合成、力的分解）；引出平行四边形定则。	回忆 总结	总结上节课内容，为后续新课推进铺垫。 PPT展示平行四边形的画法，引导学生正确作图。
［例题讲练，学会求合力］ 展示例题，学生自主完成例题求解，总结分享求合力的两种方法。	PPT展示例题。 引导学生自主完成题目解答过程。 教师展示学生答案，并要求学生说出思路。 引导学生从两个方面求合力： （1）利用作图法求合力； （2）运用物理问题与数学方法相结合求合力。 总结解题方法和解题步骤。	审题 自主完成题目解答 分享解题思路 总结提升	让学生体会利用知识解决问题的过程；成果展示和思路分享，增强学生的成就感以及分析、口头表达等能力。

教学环节和教学内容	教师活动	学生活动	设计意图
［演示分析］ 通过观察演示实验，分析出合力和分力的大小关系。	教师用自制教具演示分力和合力的关系，引导学生分析总结得出结论。	观看演示，思考合力和分力的关系。自己总结合力和分力的关系： （1）在F_1、F_2大小一定的情况下，F随着θ的增大而减小。 （2）合力的范围： $\|F_1 - F_2\| \leqslant F \leqslant \|F_1 + F_2\|$ （3）合力可能大于分力，也可能小于分力，还有可能等于某一个分力。	通过演示让学生更加直观地了解合力与分力之间的关系，为接下来的学习奠定基础。
［分力的计算］ 分力的计算是合力运算的逆运算，同样遵循平行四边形定则。学生作图发现同一个力可以有无数组分力，讨论分析得出按力的作用效果分解力最符合实际。	教师引导：力的分解是力的合成的逆运算，设问：力的分解遵循什么规律。 给定一个已知力，让学生动手画出一组分力。 收集学生作图结果，展示，引导学生回答：同一个力可分解为无数对大小和方向都不同的分力。 提出疑问：在实际生活中，如何分解一个力？ 展示实际生活情境：拉车。 PPT课件展示按平行四边形定则给出多组可能的分力，引导学生思考哪种更加合理，并要求分析原因。 提出问题：在实际生活中，力的作用效果是如何体现的呢？	思考回答：力的平行四边形定则。 学生根据平行四边形定则完成作图。 观察发现问题，总结分析，得出：同一个力可分解为无数对大小和方向都不同的分力。 思考回答：根据力的作用效果来分解力最符合现实。 思考。	让学生体会规范作图的方法。 展示学生成果，并加以肯定，增强学生的信心。让学生发现力的分解没有限制条件，可以有无数分力，引出后续内容。 通过对现实生活现象的分析，体会力应根据实际作用效果分解，提高学生的分析能力和分享能力。

教学环节和教学内容	教师活动	学生活动	设计意图
[学生实验,寻找作用效果] 利用台秤(电子秤)、木块、细绳,研究斜向上的拉力的作用效果。 分享实验结论。 按照实验结果完成相应计算。	教师引导学生进行实验,巡查各小组完成情况,并进行适当的指导。 展示学生实验结果,并让学生分享结论。 给出练习,展示学生计算结果,总结解题思路。	进行实验。 分享实验成果。 完成相应练习。	让学生自己参与实验,亲身体验获取物理知识的过程,提高学生的动手能力,激发学生的学习兴趣。 相应的练习可及时巩固学生的知识,同时形成解题方法。
[演示斜面实验] 教师演示斜面上放置重物时的实验,学生观察思考,分享结论。	演示斜面上放置重物的实验。 引导学生完成学案题目。	观察实验现象。 分析实验结果,得出结论:重力在斜面上产生了两个效果:一是使物体具有沿斜面下滑的趋势;二是使物体压紧斜面。 完成学案里的练习,得到重力在斜面上的两个效果方向,并通过数学几何关系求出两个分力。	让学生通过观察演示实验获取信息,得到重力在斜面上的效果。 通过练习加强学生对重力作用效果的认识,同时掌握求斜面上重力的分力的方法。
[通过实验感受力的作用效果] 实验一:模拟吊臂 利用橡皮筋提重物,通过手的感受和橡皮筋的长度来分析力的效果和大小。	引导学生完成体验实验。	进行实验。 分享实验成果。 	让学生自己参与实验,体验分力的大小和作用效果。 通过分析获得新知识。

续 表

教学环节和 教学内容	教师活动	学生活动	设计意图
实验二：提拉重物 利用两条橡皮筋提拉重物，感受重力的效果。	要求学生画出对应的重力分力，并进行深入分析。	分析合力和分力的关系，得出：合力一定，两分力随角度的增大而增大。	首尾呼应，为解决引入提问做铺垫。
［课堂小结，布置作用］ 根据板书进行小结，并布置作业。 作业：1.通过力的合成与分解判断视频的真伪。 2.观察了解生活中的例子，分析其中的原理。	利用板书进行小结。	汇总整理 完成作业	利用开放性的作业，引导学生注意观察日常生活的点滴，并学会应用物理知识解释相关的现象。

【板书设计】

1. 规律：平行四边形定则
2. 求合力方法：
（1）作图法；
（2）三角函数法；
3. 合力的大小：
（1）分力一定，θ 越大，F 越小
（2）$|F_1 - F_2| \leqslant F \leqslant F_1 + F_2$
（3）合力可能大于分力，也可能小于分力

力的合成——力的分解

1. 规律：平行四边形定则；
2. 无限制，有无数解；
3. 按力的效果分；
4. 合力一定，θ 越大，分力越大

应用现代多媒体技术展现物理的特色魅力

案例十：《失重和超重》教学设计

广州大学附属东江中学　罗双林

课　　题：失重和超重

教学时间：40分钟

教学对象：高一（上）

教　　材：粤教版高中物理必修一第四章第六节

【教学内容分析】

1. 教材的地位和作用

运动学是研究动力学的基础，但仅有运动学的知识，我们只能描述物体是怎样运动的，有了动力学知识，才能使我们创造条件操控运动的梦想成为现实。牛顿运动定律是动力学的核心内容，它揭示了宏观世界中物体运动的客观规律，为解决实际力学问题提供了一种重要的方法。本节内容是牛顿运动定律之后的一节内容，是一个体现物理知识从"书本到生活"的精彩例子，通过学习这节内容可让学生巩固对牛顿运动定律的理解，并深刻认识到运动和力之间的密切关系，有利于培养学生的物理学科核心素养。

2. 课程标准对本节的要求

理解牛顿运动定律，认识超重和失重现象，能用牛顿运动定律揭示生活中的超重和失重现象。

3. 教材内容安排

本节内容教材分四个板块：失重和超重现象、失重和超重现象产生的条件、失重和超重现象的解释、完全失重现象。这种安排方式符合学生的认知规律，由现象到条件，层层剖析，螺旋递进，由定性到定量，让学生不仅知其然，还知其所以然。

教材特点：教材是在新课程标准下修订的，理念新，围绕核心素养展开，突出情境的载体作用，与生活中的现象联系更加紧密。

对教材的处理：本节内容是在学习牛顿运动定律的应用之后，学生对力与运动的关系有了一个比较科学的认识。本节课先通过视频展示超重和失重的现象，让学生对超重和失重有一个感官的认识。杨振宁教授说过："物理学的根源是现象。"学生通过现象产生兴趣，激发学习欲望，产生对现象的进一步深思，产生对现象背后原因的思考，带着好奇进一步探究现象背后的科学解释。超重和失重是生活中的常见现象，因此讲解本部分内容时应尽量贴近生活，从生活中来，到生活中去，多安排些学生动手实验的机会，让学生有切身的体会，同时安排些思考和探讨的话题，引发学生的思考和讨论，加深学生对超重和失重的理解。

【学生情况分析】

1. 学生的兴趣

生活中常见的现象，如起跳下蹲、坐电梯等都蕴含超重、失重的原理，学生天然的好奇心会进一步驱使他们探究其内在的原因及科学解释。

2. 学生的知识基础

学生已经学习过了牛顿运动定律，对物体的运动及力之间的关系有了一个初步的科学理解，知道了力是改变物体运动状态的原因。

3. 学生的认识特点

学生好奇心强，因此本节内容可通过对现象的剖析，一步步得到现象的科学解释，同时巩固力与运动之间的关系，加深学生对牛顿运动定律的理解，形成科学素养。

4. 学生的迷思概念

对超重与失重现象的本质及产生原因存在片面的理解。

【教学目标】

1. 物理观念

力与运动的关系，超重和失重的概念。

2. 科学思维

力与运动的关系，运用牛顿运动定律科学解释产生超重、失重的原因。

3. 科学探究

提出问题，猜想，验证。

4. 科学态度与责任

观察现象，思考问题。

【**教学重点**】

把超重和失重现象与牛顿运动定律联系起来，探究现象本身和加速度的内在联系，理解完全失重。

【**教学难点**】

引导学生仔细观察生活中的现象，然后利用所学知识去理解和解释现象的本质或原因。

【**教学策略设计**】

1. 教学组织形式

学生为学习的主体，教师组织引导教学，通过创设情境，引出需要探究的现象，同时让学生在情境中学习、思考、追问、探究和讨论，实现知识能力素养的提升。

2. 教学方法

应用视频导入情境、学生观察现象、总结共性、思考解释等多种方法，并辅以多媒体手段，充分调动学生学习的积极性，提高课堂学习效率，培养独立思考能力。

3. 学法指导

观察、思考、解释、交流。

4. 教学媒体设计

视频展示超重和失重现象，引出超重现象和失重现象的定义。

【**教学用具**】

多媒体，橡皮筋，弹簧秤，矿泉水瓶，红墨水等。

【教学流程图】

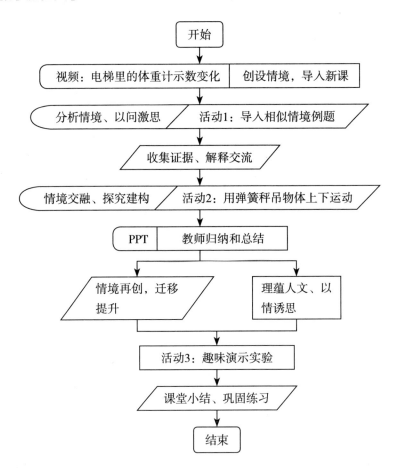

【教学过程设计】

教学环节和教学 内容	教师活动	学生活动	设计意图
情境引入 视频：电梯里体重计示数的变化 （三分钟）	问题1：体重计的示数是什么？	学生回答	通过视频，引入情境，让学生在情境中学习，在情境中提问，在情境中提炼物理现象，为进一步探究现象背后的原因做铺垫。
	问题2：体重计的示数为什么会变化？	学生回答	
	引入超重和失重的概念	知道超重和失重的现象	

续 表

教学环节和教学内容	教师活动	学生活动	设计意图
以题代问，学生通过例题及其变式找到现象的共性：具有向上的加速度——超重，具有向下的加速度——失重。	导入例题：一质量为50kg的人站在电梯中的体重计上。（1）当电梯以$a=1m/s^2$加速上升时，体重计示数为多少？（2）匀速上升时，体重计示数为多少？（3）当电梯以$a=1m/s^2$减速上升时，体重计示数为多少？例题变式：一质量为50kg的人站在电梯中的体重计上。（1）当电梯以$a=1m/s^2$加速下降时，体重计示数为多少？（2）匀速下降时，体重计示数为多少？（3）当电梯以$a=1m/s^2$减速下降时，体重计示数为多少？	学生通过计算，找到共性：1. 对人受力分析，以向上为正方向，当电梯具有向上的加速度时，即加速上升或者减速下降时：$N-G=ma>0$，$N>G$，超重2. 对人受力分析，以向上为正方向，当电梯具有向下的加速度时，即加速下降或者减速上升时：$G-N=ma$，$G>N$，失重对比分析，得出超重和失重的条件。超重：加速度向上。失重：加速度向下。	学生通过计算得出超重具有的共性和失重具有的共性，即让学生找到产生超重和失重的原因，为进一步解释超重和失重问题找到方向。学生对例题进行分析，得到超重、失重在动力学中的本质体现。
学生体验趣味实验，用弹簧秤吊物体上下运动，情景交融，激发学习兴趣，同时通过实验再次验证之前总结的超重和失重的原因。	提出问题：1. 为什么静止时弹簧秤读数等于物体的重力？2. 加速向上时弹簧秤读数为什么大于物体的实际重力？3. 加速下降时弹簧秤读数为什么小于物体的实际重力？	学生回答	通过体验实验，同时验证前面总结的超重和失重原因，前后呼应，前后互证，让学生对超重和失重有更深的理解。

教学环节和教学内容	教师活动	学生活动	设计意图
师生互动演示实验	小实验：让滴入红墨水且下端有一小孔的一瓶矿泉水从空中下落（可站在椅子上），请学生观察下落过程现象。 提出概念"完全失重"：物体对支持物的压力（或对悬挂物的拉力）为零。	在观看实验后试着分析原因	再次激发学生的学习兴趣，前后呼应。

【板书设计】

1. 什么是超重和失重现象

超重：物体对支持物的压力（或对悬挂物的拉力）大于物体所受重力

失重：物体对支持物的压力（或对悬挂物的拉力）小于物体所受重力

2. 超重和失重现象产生的原因：具有向上或向下的加速度。

3. 对超重和失重的解释

超重：加速度向上，$N - G = ma \rightarrow N > G$

失重：加速度向下，$G - N = ma \rightarrow G > N$

不管是超重还是失重，物体重力本身不变，会变的是示重。

4. 完全失重现象。

【教学反思】

本节课通过视频，让学生直观了解现象，同时引出超重和失重的概念，对于学生理解超重和失重有重要帮助。学生在学习本节课前，普遍认为超重和失重是物体本身的重力变大或变小，这是学生普遍存在的一个前概念。学生之前没有科学地认识到超重和失重的本质，也不清楚超重和失重产生的原因，更不能解释超重现象和失重现象，所以这节课的设计要通过视频，让学生产生对原有概念的不满，建立新的概念，同时解释新概念的合理性，以及通过实验感受新概念的有效性。

第六章 情思物理教学的实践与反思

　　课堂是教师专业成长的主阵地，教师一定得站稳讲台。教育理念、教育方法的现代化最终需要教师在课堂上落实，课改或教学模式创新的"最后1000米"是由教师完成的。课堂是教师教育思想生长和实践的土壤，教师只有在课堂中才能丰富自己的教学底蕴。我们在"情思物理"这一主题下，立足课堂，不断丰富自己的教学实践经验。

　　从教以来，特别是参加工作室以来，我们不仅接收了很多专家的前沿理论，也在工作室主持人向敏龙老师的"理蕴人文，以情诱思"的教学思想指引下，进一步在三尺讲台上凝练并实践"情思物理"，收获很多。这章主要摘录了"物理情境教学"的有关实践心得或反思，供同行们一起交流。

用"情境"打造"体验式"的物理课堂

广东省河源市田家炳实验中学　邱雪梅

　　从古代源于自然界的非常朴素的物理理论，到经典物理，到相对论和量子物理，物理在不断进步与发展。随着社会的进步，人类要面对的社会环境和生活环境也在不断地变化，复杂的环境以及日益增长的人类需求，催促着各个学科的发展，作为自然科学的先驱，物理备受关注。如何在基础教育阶段培养出具备物理学科核心素养（学生在接受物理教育过程中逐步形成的适合个人终身发展和社会发展需要的关键能力和必备品格）的人才，为社会的后续发展提供源源不断的后备力量，应当成为现代物理教师不断探索的问题。在高中阶段，传统的教学方式不但不能帮学生形成很好的物理学习能力，而且会导致学生丧失学习物理的兴趣。一盘菜营养成分再高，学生对其毫无感觉，食之无味，最后只会丢之弃之。对于物理这一科学盛宴，要让学生"吃"得"津津有味"，切身感受物理的魅力，创造合理有效的"物理情境"至关重要。

一、打造故事情境，切身体验物理名人的"智慧碰撞"

一个个物理故事就是一代代物理人的奋斗史，也是物理学的发展史，是物理学体系形成的过程。简单的讲述、视频的播放等方式都不如让学生身处其中更能体会物理人的心路历程以及物理知识的建构过程。创设适当的物理故事情境，让学生置身于物理讨论的洪流，亲身经历物理知识的形成过程，尝试省思科学的本质和发展，可从心理上唤起学生对物理学家的敬爱之情，培养学生的科学态度和责任。

例：物理粤教版必修1第二章第一节《探究自由落体运动》，在对落体运动的快慢的讨论中，引入名人对话的环节。

让学生进行角色扮演，一位同学扮演亚里士多德，一位同学扮演伽利略，两位"名人"各自提出自己的观点。

"亚里士多德"：物体下落的速度与重力成正比。

"伽利略"：物体下落的快慢与质量无关。

台下的同学则扮演当时的人们，按照自己的思考判断选择站队，并想尽一切方法，让对方信服自己的观点，拉拢更多的同学到自己的阵营。

物理的每一次飞跃都是当代物理学家思想碰撞的过程。物理大家们在混沌的自然界抽丝剥茧，通过观察、思考、实验、推理、验证等一系列过程形成了大大小小的物理体系。物理学总是在推翻与重建过程中不断地向前发展。为学生创设物理名人思维碰撞的情境，使物理课堂不再是简简单单的知识传递过程，而是把学生置身于物理知识形成的大环境里，让他们以科学家、物理学家的视角观察问题、思考问题，这种体验式的教学，学生体会的和收获的就不仅仅是物理知识。

二、打造活动情境，体验有趣味的物理课堂

爱玩爱闹是孩子的天性，好胜心理强是高中生的心理特点。如果说有什么办法能让学生不用指导就积极主动地获取知识，那就是激发学生的求知欲。应用游戏、猜谜、竞赛等方式创设教学情境，利用小组，形成竞争，并对优胜者进行奖励，这样可以大大调动学生的积极性，提高物理课堂的趣味性。

例：《探究自由落体运动》教学中，探究影响落体运动的影响因素——空气阻力。我们设计一个小游戏——"鸡蛋撞地球"，作为课后作业。鸡蛋下落过快，会摔碎，有什么办法让鸡蛋下落得慢一点呢？要求学生做到从一楼释放，在鸡蛋不破的前提条件下，下落得越慢越好。为了完成作业，学生会有很多的想法，一开始就信心满满地去做。经历几次的鸡蛋破碎，学生就会发现问题，不服输的个性就会自动启发，他们会自己主动地去收集相关的资料，共同思考，共同讨论改进方案，共同完成。保护好一颗鸡蛋的成就感绝对不亚于考试拿到一个好成绩。

兴趣是最好的老师。当学生被物理难、物理烦的情绪困扰的时候，就会一味地抗拒物理。如果学生觉得物理非常有趣，非常好玩，或许不需要老师的指导，他们就会主动地"投怀送抱"。

三、打造问题情境，体验最纯粹的物理课堂

什么是物理？物理就是研究物质运动最一般规律和物质基础结构的自然科学。物理学是对自然界概括规律性的总结，是概括经验科学性的理论认识。最纯粹的物理就在生活中，在观察现象、发现问题、分析问题、解决问题的过程中。在物理课堂中创设问题情境，层层递进，可让学生体会最纯粹的物理知识获取过程。

例：实验——验证牛顿第二定律

问1：本次实验的目的是什么？

——验证牛顿第二定律；

问2：实验原理是什么？

——$F = ma$；

问3：用什么样的实验方法完成本次实验？

——控制变量法（①保持F不变，探究m与a的关系；②保持m不变，探究F与a的关系。）；

问4：需要测量的物理量有哪些？

——力、质量、加速度；

问5：有什么仪器能够测量这些物理量？

——测力计、天平、打点计时器（包含纸带）；

问6：用测力计测量的情况下，如何保持F不变？

——改用重力；

问7：重力向下，竖直方向的运动不好操控，怎么办？

——用定滑轮改变力的方向；

问8：根据受力分析，$F = T - f$，如何减小摩擦力的影响？

——平衡摩擦力；

问9：如何平衡摩擦力？

——垫高远离定滑轮的一端，使带纸带的小车匀速下滑；

问10：F等于mg吗？

——不等于，小车的质量要远远大于钩码的质量；

问11：实验误差来源是什么？

——$F < mg$，平衡摩擦力不当，读数误差……

问12：有其他的实验方案吗？

——气垫导轨、光电门+数字计时器……

用问题引领，创设一系列连续的情境，由浅入深，由简至繁，层层递进，这样的教学设计可让学生掌握必要的物理知识，学会探究物理问题的方法。

四、打造生活情境，体验最实用的物理课堂

物理来源于生活，服务于生活。再好的理论，再高深的知识，脱离了生活也是没有意义的。让学生体会到学习物理可以让生活更加美好、更加便利，可以解决我们身边大大小小的问题，物理才能成为学生心中有用的学科。

例：《力的合成与分解》

引入：老师今天出门上班的时候，发现一辆小轿车停在家门口，自己的车出不来，没办法上班了。

情况1：没有办法联系到车主；

情况2：打电话求助也来不及了。

情况3：老师力气不足以推动门前的小轿车。

老师能按时来上课吗？

视频播放应用物理知识解决问题的过程，学生们都看呆了，原来一根绳子就可以帮忙解决问题。

生活中的场景是学生熟悉的，利用学生可能会遇到的情况创设教学情境，能大大引起学生兴趣，也能引发学生的思考，原来物理知识并不是高大上的理论，在我们日常生活中，只要善于思考就能利用物理知识解决很多的问题。为此我们班还创设了生活百事屋，学生把日常生活中遇到的小问题收集起来，在课前3分钟的时间拿出来讨论，还可以把相应的物品带到教室来，看看运用什么样的办法，用怎样的物理知识可以解决对应的问题。物理知识不仅在于学，还在于拓展与运用。

课堂的时间和空间是有限的。如何才能让学生真正地学会学懂物理呢？也许只有让学生切身地体会、感受过物理的"酸甜苦辣"，他们才会得出不一样的感悟。作为老师的我们，可以通过创设不同的物理情境让学生在体验中学习，把有限的体验延伸到无限的发展里去。

巧用情境立意突显核心素养

——2020年高考理综测试I卷第21题的解析和启示

广州大学附属东江中学　　王润

东源县教师发展中心　　向敏龙

2020年全国高考理综测试新课标I卷第21题考查"电磁感应"这个重要的知识考点，在电磁感应知识体系中检验学生对电磁感应知识掌握程度的一个载体是双杆切割模型。它综合高中所学的电磁学、电路、动力学、能量等方面的知识，能力要求很高。通常双杆切割模型问题都涉及最后稳定状态的分析。

一、真题呈现

21. 如图1，U形光滑金属框abcd置于水平绝缘平台上，ab和dc边平行，和bc边垂直。ab、dc足够长，整个金属框电阻可忽略。一根具有一定电阻的导体棒MN置于金属框上，用水平恒力F向右拉动金属框，运动过程中，装置始终处于竖直向下的匀强磁场中，MN与金属框保持良好接触，且与bc边保持平行。经过一段时间后（　　　）

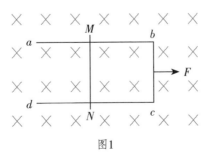

图1

A. 金属框的速度大小趋于恒定值

B. 金属框的加速度大小趋于恒定值

C. 导体棒所受安培力的大小趋于恒定值

D. 导体棒到金属框bc边的距离趋于恒定值

二、考题解析

【答案】BC

【解析】由bc边切割磁感线产生电动势，形成电流，使得导体棒MN受到向右的安培力，做加速运动，bc边受到向左的安培力，向右做加速运动。当MN运动时，金属框的bc边和导体棒MN一起切割磁感线，设导体棒MN和金属框的速度分别为v_1、v_2，则电路中的电动势为$E = BL(v_2 - v_1)$，电路中的电流为$I = \dfrac{E}{R} = \dfrac{BL(v_2 - v_1)}{R}$，金属框和导体棒$MN$受到的安培力分别为$F_{安（框）} = \dfrac{B^2L^2(v_2 - v_1)}{R}$（与运动方向相反），$F_{安（MN）} = \dfrac{B^2L^2(v_2 - v_1)}{R}$（与运动方向相同）。

设导体棒MN和金属框的质量分别为m_1、m_2，则对导体棒MN有$\dfrac{B^2L^2(v_2 - v_1)}{R} = m_1a_1$，对金属框有$F - \dfrac{B^2L^2(v_2 - v_1)}{R} = m_2a_2$。初始速度为零，则$a_1$从零开始逐渐增加，$a_2$从$\dfrac{E}{R}$开始逐渐减小。当$a_1 = a_2$时，相对速度大小恒定。整个运动过程用速度时间图像描述如图2。

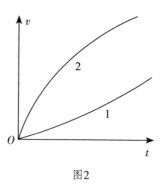

图2

综上可得，金属框的加速度趋于恒定值，安培力也趋于恒定值，BC选项正确；金属框的速度会一直增大，导体棒到金属框bc边的距离也会一直增大，AD选项错误。

三、考题分析

1. 聚焦物理概念和规律，回归基本原理

此试题情境学生比较熟悉，难度较大，区分度较好。没有烦琐的文字描述、复杂的数学运算，解题不需要特殊的技巧，注重对电磁感应基本概念、规律及核心思维方法的考查。本题考查电磁感应知识体系中"双杆切割模型"，但是情境设计巧妙利用金属框 $abcd$ 在恒力 F 作用下的运动，把"单杆切割模型"的常见情境，变成考查"双杆切割模型"的知识体系，突出考查学生审题、处理信息的能力，打破学生的惯性思维，凸显"物理观念"中动力学、电磁学、电路及能量观念的考查。

2. 要求学生具备构建物理模型的能力

学生解题障碍有两个：一是误解为单杆切割模型，导致选择错误；二是不能有效建立起双杆切割模型，尤其不能很好地理解最后稳定状态：金属框与 MN 的加速度相等且不变，速度差维持不变，感应电流不变，MN 受到的安培力不变，但金属框与 MN 做匀加速直线运动。

通过简单的运算，分析整个系统运动过程，其实就是建模的过程。整个运动分成两部分：

第一部分，金属框 $abcd$ 在外力和安培力的作用下，做加速度减小的加速运动，而 MN 在安培力的作用下，做加速度增大的加速运动，直到金属框与 MN 的加速度相等且不变；

第二部分，最后的稳定状态：金属框与 MN 的加速度相等且不变，速度差维持不变，感应电流不变，MN 受到的安培力不变，但金属框与 MN 做匀加速直线运动。

本题在真实的情境中，先通过运算分析整个系统运动过程，有效地培养学生的计算能力和严谨的科学思维，再应用物理知识解决实际具体问题，把问题中的实际情境转化为解决问题中的物理情境，建立相应的物理模型，应用物理观念思考、分析问题。"科学思维"中的模型建构和科学推理，有利于帮助学生实现知识的应用和迁移，内化物理学科核心素养。

四、教学启示

从对21题的分析与高三平时的测试对比中可以得到启示：物理教师在今后的教学中要重视知识本质的掌握，立足课本，紧扣考点，一定不能让学生生搬硬套、死记公式；要引导学生整合所学知识并培养学生的学科思维能力，提高学科核心素养。命题中创设合理情境，设置新颖的设问方式和呈现方式，诱导学生主动发现、思考并解决问题，同时找到新方法新规律，得出正确结论；考试内容之间、试题之间应相互关联，编织成网状的测评知识框架，实现对学生关键能力和核心素养的综合考查。

基于核心素养的"物理情境创设"的思考与实践

广东省河源高级中学　刘小宁

随着时代的高速发展，社会对人才的需求也发生了很大程度的变化，教育部门以核心素养作为基础教育的归宿，提出了高中物理核心素养体系，要求物理老师在教学活动中注重情境创设，加强对学生科学思维以及物理观念的培养，进而提高学生的探究能力与理论结合实践能力，抱着科学的态度肩负起社会的责任与使命。因此，物理课堂开展情境创设，有助于学生核心素养的培养，为学生综合能力的全面发展奠定了坚实的基础。

一、基于高中物理核心素养的教学情境创设原则

（一）情境创设与学生的认知结构相符

在高中物理课堂，情境创设不仅要紧贴教学内容，还要考虑学生的具体情况，例如：思维水平、学习能力等，让教学情境与学生的真实情况相互融合。当情境创设与学生的认知水平相符时，无论是思维活跃度，还是学习兴趣，都

被最大程度地激发出来，让学生享受获得知识的乐趣，有助于学生新旧知识的融合，实现高效的思考与探究，帮助学生建构完善的物理体系与知识网络。

（二）情境创设要保证客观与真实

物理是一门以实验为主的学科，物理的起源与发展都立足于无数的科学实验，以及大量的科学事实。因此，在高中物理情境创设过程中，一定要保证所创设的情境具有客观性与真实性，让教学情境与学生的生活产生一定的联系，贴近学生的真实生活，与学生的内心世界产生共鸣，让学生充分地利用学习的物理知识，加强对问题的发现、分析、探究以及解决。

二、依托"情境创设"提高学生核心素养的措施

（一）利用多媒体进行"情境创设"，提高学生的学习兴趣

随着信息技术的高速发展，多媒体已经走进了高中物理课堂，学生在多感官的刺激下，会将抽象的物理知识变得更加直观与具体。在多媒体技术下，动态化的媒体特征，将物理模型以形象的方式演示出来，极大程度地激发了学生的学习热情，让学生充分地融入多媒体所创设的教学环境。在《超重与失重》的教学过程中，我充分地利用多媒体技术，向学生展示"嫦娥四号"探月的整个过程，同时为学生播放一些太空视频，激发他们对失重现象的想象力。此外，我还给学生播放了一些贴近学生生活场景的视频，例如，过山车、升降梯等游戏场景，让学生回想自己生活中的失重与超重，通过多媒体创设情境的方式，实现了生活场景与物理内容的有效连接。利用多媒体创设教学情境，可以让学生更加直观地摸触到物理知识，加强师生间的有效联系，培养学生的主动学习能力，使其主动地加入探索知识的活动中，进而提高自身的核心素养。

（二）利用生活实例进行"情境创设"，提高学生理论结合实践能力

大多数的学生都认为物理知识过于抽象，殊不知物理与现实生活有着紧密的联系，在高中物理教学活动中，教师要以生活的实际内容为基础创设教学情境，熟悉的情境模式不仅能激发学习兴趣，还有助于学生充分地利用物理知识进行思考与探究，进而提高学生对物理知识的理解能力，以及对物理知识的

综合运用能力。例如，在《电磁感应现象问题归纳》教学活动中，我提出了这样的问题："同学们，谁能列举出现实生活中电磁感应的具体应用呢？"很多学生都会想起电磁炉，我借机展示电磁炉的工作原理，让学生掌握电磁炉的内部结构，并以小组合作探究的模式，思考如何提高电磁炉工作效率的问题。同时，我为学生展示电磁感应灯，突出电磁感应灯的诸多优点，加强对学生发散思维的有效引导，并鼓励学生根据电磁感应原理进行发明创造，进而提高学生的想象力与创造力。

（三）利用物理实验进行"情境创设"，提高学生物理思维和科学素养

实验不仅是物理课程的基础，也是物理学的主要构成，更是研究物理现象的重要方法。在物理教学活动中，教师要充分发挥实验的作用创设教学情境，让学生掌握与理解实验的技术与方法。在高中物理的传统教学活动中，教师课堂演示是主要的教学模式，无法调动学生的主动探究能力。在新课标背景下，物理教师可以将演示实验向探索性实验过渡，激发学生的自主探究能力。利用物理实验创设教学情境，不仅可提高学生的实践能力与动手能力，还可培养学生的科学素养与物理思维，有助于学生核心素养的发展。

例如，在《分子的热运动》教学活动中，我采取了实验的方式导课，让学生对扩散有一个深层次的理解后，再正式开展课程。实验开始，我将空集气瓶倒扣在充满红棕色二氧化氮气体的集气瓶口的毛玻片上，引导学生认真地观察实验现象，并提出两个问题：其一，如果抽掉毛玻片会出现什么现象？其二，出现这种现象的原因是什么？此时，学生会将可能发生的实现现象与想象力进行充分的融合，实现了在观察中思考，不仅提高了学习效果，同时提高了想象力与实践问题的解决能力。

三、结语

综上所述，高中物理课堂开展情境创设，有助于学生物理核心素养的发展。在高中物理教学活动中，从多角度进行情境创设，能有效地激发学生对物理课堂的热情与主动性，促使学生主动地提出问题、分析问题、探究问题，最终实现问题的解决。在长期的情境创设活动中，学生的综合能力得到了全面的提升，实现了培养学生物理核心素养的教学目标。

注：本文是广东省教育科学规划课题《基于核心素养的高中物理情境化教学模式的有效建构和实践研究》（2019YQJK243）成果之一。

科学设置问题情境，落实物理学科素养

——基于高三习题课的问题串设置优化的思考

广东省河源市广州大学附属东江中学　罗双林

高三习题教学，可以围绕一个实际问题，科学合理地设置问题串，以问题驱动学生的科学思维能力的提升，不断引导学生深入理解物理知识在解决实际问题中的作用，从而让学生的物理学科素养得到提升。那么，如何科学合理地设置问题串呢？本文通过一个有关摩擦力的临界问题，通过层层设问的方式，把思考的过程层层剥开，让学生经历一个真实的物理情境，通过学生来舍去问题中的非本质因素，简化成理想化的形式，即科学建模，使学生的科学思维得到提升。

案例：如图1所示，A、B两物块的质量分别为$3m$和m，静止叠放在水平地面上，A、B间的动摩擦因数为μ，B与地面间的动摩擦因数为$\frac{\mu}{4}$。最大静摩擦力等于滑动摩擦力，重力加速度为g。现对A施加一水平拉力F，则以下说法正确的是（　　　）

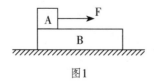

图1

A. 当$F < 3\mu mg$时，A、B都相对地面静止

B. 当$F = 4\mu mg$时，A的加速度为$\frac{3}{4}\mu g$

C. 当$F > 8\mu mg$时，A相对B滑动

D. 无论F为何值，B的加速度不会超过$2\mu g$

在与学生讨论该题时，首先叫学生不要看题，先看图：

第一问：学生在生活中有没有遇到过"两个物体叠在一起，然后用力拉上面的物体"这样的情境？

学生答：有。

有个学生随手在自己桌面上放一本教材，然后在教材上放上一本口袋书，就构成了这样的一个情境，学生恍然大悟，原来习题中的情境在生活中这么容易找到……

第二问：用手拉一下口袋书，看会出现什么情况？

学生操作了一下，出现了口袋书滑动，而教材不动的情况，既上动下不动的情况。

第三问：是否还有其他情况产生？

接下来我就在讲台上拿了一个多媒体遥控器和橡皮擦，将橡皮擦放在上面，拉橡皮擦的时候，遥控器也动起来；把遥控器反向置于桌面（按键接触桌面），此时用力拉橡皮擦，两个都不动，增大拉力，出现了橡皮擦动而遥控器不动的情况。

学生总结：①上动下不动；②上下都动；③上下都不动。

第四问：是否会出现下动上不动的情况？为什么？

学生答：不会出现下动上不动的情况，因为是上面带动下面的，即上下物体有主动、被动之分。

第五问：请大家想想这些情况不一样跟什么因素有关？并且把这些因素翻译成物理关系式。

学生一种情况一种情况地分析原因，最后把各类情况及其临界值分析出来了，即对于这个原始问题，学生通过构建物理模型，分析各种模型，最后把这

个问题所涉及的各类问题一一解决。这样的一节课，学生既不会觉得乏味，也不会觉得对物理问题束手无策，而且学生作为学习的主体体现出来。

著名物理学家、诺贝尔物理学奖获得者杨振宁教授认为："很多学生在物理学习中形成一种印象，以为物理学就是一些演算。演算是物理学的一部分，但不是最重要的部分，物理学最重要的部分是与现象有关的。绝大部分物理学是从现象中来，现象是物理学的根源。"高中物理习题教学，是提高学生考试成绩的重要手段，然而，随着社会科技的进步，这样传统的习题教学不能够适应未来社会发展，学生考试也好，平时练习也好，所做的习题情境是人为设置的且严格控制条件，习题情境与真实情境之间有一个非常大的鸿沟，导致学生虽会做题，但不会解决生活中相似的问题。

基于"现象是物理的根源"这一基本观点，笔者认为物理教师应该将习题问题串化，习题问题串化有三个主要过程：

1. 还原情境

通过模拟、视频、实验、生活经历等手段，把原始现象呈现给学生，让学生在一个真实的物理情境中感受现象。

2. 构建模型

在真实的情境中，通过问题串引导学生取舍影响现象的各种因素，抓住主要，舍去次要，从而简化成一个理想的模型，即基于原始问题进行科学建模。

3. 翻译演算

最后把影响现象的原因及解释通过物理规律或物理公式翻译出来，通过演算就可以得到定量的关系。

在新课标背景下，高中习题教学中，物理教师应思考如何让物理教学更加有效地提高学生的核心素养，通过科学合理地设置问题串，让学生对物理学而不厌，聚焦课堂，联系生活，促进学生由提高做题能力向提高做事能力转变。

高中物理教学中创新实验的设计与实践

广东省河源市龙川县第一中学　叶景青

目前，随着我国教育体制的不断改革，高中物理的教学模式得到了很大的改善，要想满足时代不断发展的需求，教育者在进行高中物理教学的过程中，还应该逐渐采用一些先进的教学方法，从而不断提高教学的效率和质量。目前，很多高中物理教师还是采用传统意义上的教学模式，在课堂上只是对书本上的理论知识进行讲解，这种方式不但会让学生感到课堂比较枯燥，也会对学生自身的发展造成一定的限制。

一、高中物理实验教学目前存在的问题

（一）不够重视实验设计

物理课程中的很多知识都是通过相应的实验得出的，但是实际的课堂教育依然停留在对书本知识的讲解上，这种单一的教学方式会让学生感觉到物理课堂比较枯燥，对于学生的积极性造成了一定的影响。如果在课堂上通过具体的实验来完成对知识的讲解，就可以将整个课堂氛围变得更加活跃，也能尽快让学生融入学习中去，不仅可以提高学生的思考能力，在一定程度上还能提高学生自身的创新能力，这对于学生未来的发展有着非常重要的意义。但是目前很多教师在对物理课程进行讲解的过程中，并没有将实验课程有效地落实，即便是设置好了实验教学内容，在开展的过程中也往往缺少创新性，很多时候只是将课本上的知识生搬硬套地移到实验中去，并不能将实验设计的作用充分发挥出来，这对于高中物理教学水平的提升形成了一定的阻碍。

（二）缺少自由发挥空间

传统意义上的高中物理教学课堂都是由老师作为整个课堂的主导者，老师在讲台前进行操作，然后学生按照具体的步骤进行模仿，这种教学方式对于实验设计的创新性形成了一定的限制。要想将实验设计的效果充分发挥出来，教师在课堂上一定要给学生留有足够的时间，让学生可以根据自己的实际情况自由发挥，从而让学生成为课堂中的主体。目前，很多物理实验课程在进行设计的过程中只是走表面形式，这对于实验课程的创新性造成了一定的影响。

二、高中物理教学创新实验设计与实践的方法

（一）认识实验设计的重要性

目前，很多高中学校还是将教学的目标定位为提高学生的成绩与高考录取率，在进行高中物理课程教学的过程中，为了节省一定的教学时间，通常都会将课程进行不断简化，因此，实验设计在创新的过程中一直受到各方面因素的限制。学校的很多领导和教师都没有给予创新实验足够的重视，导致在实际的教学过程中，很多教师还是采用传统的教学模式。因此，要想实现实验设计的有效创新，学校的领导与教师首先应该认识到实验设计的重要性，注重创新设计对高中物理教学效率以及教学质量的提升作用，这样才能为创新实验设计的有效开展提供一定的基础保障。

（二）营造创新教学氛围，提高学生学习的积极性

在高中物理课堂教学中，教师一定要明确学生的主体地位，特别是在进行实验创新设计中，一定要发挥出学生的主观能动性，采取有效的方式来不断激发学生对于创新实验设计的积极性，让学生可以主动对实验设计进行思考、分析以及归纳总结等，从而促进高中物理教学质量的有效提高。比如，在进行"探究碰撞中的不变量"实验中，可以让学生亲自去设计碰撞实验方案，然后在课堂上让学生根据自己设计的方案进行相应的实验，最终得出实验结果。学生通过自己设计以及动手的方式，能够更好地理解和掌握理论知识，还可以提升对于物理课程的学习兴趣，在之后的学习过程中可以保持一种积极的学习态度。

（三）加强教师队伍培养，训练教师正确思考

教师在课程教学中发挥着十分重要的作用，是整个教学任务的承担者和执行者，要想将物理实验的作用充分发挥出来，首先应该得到教师的引导与配合，这样才能为之后教学的开展奠定良好的基础条件。因此，在高中物理教学的过程中，教师应该不断提高自己的职业素养以及实验教学能力，并且在进行教学时一定要保持一种认真负责的态度，从而将自己的职责进行有效落实。

教师在进行基础知识讲解以及动手能力培养的过程中，首先应该对学生的思考方式和学习方式进行正确的引导。要想有效提高学生的学习效率，就必须让学生在学习的过程中独自发现问题和解决问题。教师在进行教学的过程中需要培养学生发现问题的能力，然后结合问题进行深入思考，最终可以对问题进行有效解决，这种方式可以让学生面对问题时拥有更多的解决方法。比如，在实际的物理课堂中，教师可以采用一些有效的引导方式来开发学生的思维能力，让学生在学习中可以多提出问题，然后再结合科学的实验方案对这些问题进行有效解决，对结果的验证可以让学生更加深入地理解理论知识。

（四）改变教学方法，增加实验设计和探索

目前在进行物理实验教学的过程中，很多教师将重点放在对知识的巩固与掌握方面，对于学生的创造能力培养不够重视，为了对这种现象进行有效的改善，教师在教学的过程中可以不断融入设计性实验，并在实验课程结束之后给学生布置相应的实验作业，通过这种趣味性的学习来不断提升学生的创新能力。

三、结语

综上所述，在高中物理教学中融入创新实验有着十分重要的意义，因此，教育人员一定要加强对创新实验设计重要性的认识，然后采取一些有效的措施将创新实验落实到实际的教学当中去。另外，教师还应该对学生的自身能力进行全面的了解，在课堂中不断激发学生对于物理课程学习的积极性，使高中物理课堂的教学效率和质量得到有效的提升。

高中物理实验情境的创设与思考

广东省河源市紫金县第二中学　黄林锋

物理实验教学是高中物理课程和物理教学内容的重要组成部分，对培养学生的物理实践能力和探究能力都有着重大帮助。新课改背景之下的高中物理新课程标准明确指出，学校和教师要注重对学生自主学习习惯的培养，还要在课堂教学中为学生创设积极参与、乐于探究、善于实验和勤于思考的学习情境，而且要采用科学合理且多样化的教学方式来帮助学生理解物理的本质，帮助学生更好地掌握物理知识。因此，在高中物理实验教学中教师要结合教学内容和学生的实际需求创设有效的教学情境，进而培养学生学习的自主性，实现高中物理实验教学有效性的提高。

一、高中物理实验教学中创设教学情境的重要意义

虽然我国的教育改革取得了一定的成果，但是就目前我国的高中物理教学情况来看，还有部分学校受到应试教育的深远影响，在教学理念和教学方法上都还没有完全转变过来。创设教学情境的教学方法是教育改革背景之下一种新型有效的教学方法，如今，这种教学方法已经得到了教育工作者的广泛运用，并且取得了很好的教学成果。将其应用于高中物理实验教学中，不仅能够丰富教学方法，与新时代背景之下的高中物理教学标准相符合，也能够更好地满足学生的实际学习需求，让学生能够更加透彻地理解和掌握相关物理知识。高中物理实验在整个高中物理教学中占有举足轻重的地位，在以往的实验教学中，教师只是依照课本知识跟学生讲解实验的操作流程，在口头上讲实验原理，在板书上做实验。在这样的教学模式之下，学生没有动手操作实验的机会，单凭老师的口头讲解很难理解物理知识，这就会导致学生丧失对物理的学习兴趣，

参与学习的主动性不高。而通过创设教学情境，教师能够将身边的生活元素和丰富的网络资源结合，改进或创新传统的实验道具，进而为学生创设新鲜且具有趣味性的教学情境。在这样的实验教学情境中，学生能够更加专心地投入物理实践探究中，从而通过一系列有趣的实验操作得出实验结论，更加透彻地理解物理知识。

二、高中物理实验情境创设的有效教学策略

（一）将生活元素引入物理实验中，增添趣味性

物理教师要通过创设多样化的物理实验教学情境来丰富课堂教学方式，为学生营造一个轻松愉悦的学习氛围。物理知识来源于生活也应用于生活。在实际的物理实验教学中，教师可以充分地挖掘和利用生活中的物理资源，将生活元素融入物理实验课堂教学中，为学生创设具有生活气息的实验教学情境。这样能够让学生更加真切地感受到物理就在我们身边，从而激发学生对物理学科的学习和探究兴趣。例如，在引导学生做测量电源电动势和内阻的实验时，教师可以先将全班同学分成人数相同的若干小组，让学生通过小组合作来进行这个实验。这个实验中所用到的实验器材都是在我们的日常生活中常见的器材，如电源、电压表以及导线等。在教师的指导和课本内容的帮助之下，学生可顺利完成实验操作。在实验环节结束之后，教师还可以借助多媒体为学生播放发电机制作和发电过程的视频。这样的教学过程充满了趣味性，能够有效提高教学效果。

（二）要保障情境创设的规范性

物理学科具有较强的逻辑性、实践性和抽象性，所以学生在这门课程的学习中难免会遇到一些困难。教师如果在教学中仍然沿用传统的教学模式，只会让学生对物理学习感到难上加难，也会让物理课堂显得更加枯燥无味，从而打消学生对物理学习的主动性和积极性。因此，教师要将创设教学情境的教学方法应用于高中物理教学中，改变以往传统单一的教学方法，为学生提供多样化的课堂教学模式。在实际的高中物理实验情境教学中，要想充分发挥情境教学法的积极作用，教师就要保障情境创设的规范性。教师在教学中是知识的传授

者和学生学习的引导者，教师在课堂教学中的一举一动都会对学生产生一定的影响。因此，教师在课堂教学中要端正自身的言行举止，尤其是在创设演示实验的教学情境时，教师首先要对实验的原理、实验目的以及实验方法有一个正确的认识，在实验操作中教师还要规范有序地为学生演示每一个实验步骤，不能够忽视每一个实验细节，这样才能够让学生在潜移默化中学习到在做物理实验时要遵守实验规则，不能忽略每一个实验细节，从而提高学生的实验效率。

三、结语

综上所述，物理实验教学是高中物理教学中的核心教学内容，也是物理课堂教学的重要组成部分。通过有效且多样化的实验教学，学生能够通过切身的物理实验操作感受到物理现象的神奇之处，提高对物理知识的探索欲。实验教学情境的创设是提高高中物理实验教学效率，调动学生参与物理实践活动的有效教学策略。创设有效的教学情境，不仅有利于课堂教学效率的提高，有利于调动学生学习物理知识的主动性和积极性，还有助于提高学生的物理思维能力。因此，在高中物理实验教学中，教师要结合新课改背景下的教学要求和学生的学习需求，对教学进行精心设计，巧设教学情境，这样才能够实现高中物理教学水平的有效提高。

探讨高中物理教学情境创设的问题及对策

广东省河源市广州大学附属东江中学　王润

现阶段，新课改不断深入，素质教育更是在各个学科广泛推广，教学质量自始至终都是一线教师最为重视的，高中物理教师也是如此。由于高中物理课程内容相对抽象，很多知识同学生实际生活联系并不紧密，所以部分学生并不喜欢上物理课。因此，高中物理教师必须积极创设教学情境，激发学生的学习兴趣，以保证取得良好的教学效果。

一、高中物理教学情境创设存在的问题

（一）教学情境的创设流于形式

现阶段，高中物理教师在开展教学的时候，创设教学情境比较流于形式，仅仅是为了敷衍相应的教学任务不得已而为之。高中物理的很多内容都是与实际生活有很大关联性的知识，例如匀变速直线运动、相互作用等，但很多物理教师创设的教学情境都同实际教学内容联系不大，流于形式，与学生实际生活有很大的差异，所以情境创设只是教学设计中的一个名词，并不能有效促进学生理解相应的物理知识。

（二）教学情境的创设具有较强的功利性

高中物理教师开展实际教学活动的时候，主要将情境创设教学方法应用于公开课当中。平常开展教学活动的时候，很多教师认为开展情境创设教学会耗费大量时间和精力，因而弃之不用。此外，受应试教育影响，高考成为每个教师考量教学方式与学生理解运用程度的重要标准，所以，高中物理教学情境创设具有很强的功利性，非但未实现情境创设的目标，反而阻碍了学生能力及创新意识的发展。尽管情境创设能为公开课增光添彩，令人耳目一新，可是在日常的学习生活当中学生却很少受益，这同情境创设教学的初衷背道而驰。

（三）高中物理教师缺乏较强的情境创设能力

高中物理教学情境创设效果不佳主要有两个原因，首先是物理教师创设出来的情境同学生生活的实际情况不够贴近，其次是很多高中物理教师都缺乏较强的情境创设能力，不能对情境创设进行精准的理解和把握，认为情境创设就是单纯的场景设计，所以他们创设出来的情境也就无法满足学生需求。

二、高中物理教学情境创设问题的解决对策

（一）运用多媒体创设教学情境，激起学生兴趣

随着信息技术的不断发展，高中课堂各学科已经广泛地运用多媒体技术，通过相应的视频、图片等展示相应的物理知识及原理，从而使那些比较枯燥乏

味、复杂抽象的知识以更加直观的形象得以展示，学生们更容易理解，课堂教学氛围也会生动活泼起来，学生的学习兴趣被激发，更加积极主动地参与到学习活动当中。此外，通过多媒体技术，课堂教学内容也会更加丰富，学生能利用多个感官感受知识，从而长久地保持学习的动力。

（二）积极创设同学生实际生活联系紧密的物理实验情境

高中物理教学运用相应的实验和探究能够创设出生动、形象而直观的情境。具体的创设情境的方法有探究性实验、趣味性实验、展示实验等，可以不断提高学生们的解决问题能力和探究能力。例如，在探究轻重不同的物体哪个下落得更快的时候，可以让学生从自身经验出发，先做两个大小一样的纸片和铁片，然后从相同高度释放，让学生观察哪个下落得更快，答案是铁片，然后问学生为什么。有的学生可能会说是因为铁片重。然后让学生把纸片揉成小团，再次探究，那么学生就知道原来不是重量原因。这时候再思考，加上教师点拨，最后通过牛顿管实验展示，从而使学生深刻理解自由落体运动的特点，这样学生就会对该知识点留下深刻印象。

（三）强化高中物理教师专业素质

首先，教师应通过趣味知识来创设物理情境。同中小学学生相比，高中生的学习任务、课业压力都非常大，每天都要进行长时间的学习，时间久了，就很容易出现厌学心理，从而不喜欢学习，也没信心取得良好的成绩。这时候，如果物理教师能够通过丰富的趣味知识创设出一些物理教学情境，就能有效激发学生学习物理知识的兴趣，从而提升物理教学效率。

其次，教师应积极提高自身综合素质。无论哪个阶段，学生都是以教师为榜样和导向的，要想创设出学生喜欢的教学情境，保证教学质量，高中物理教师必须保持积极的学习态度，通过自学、网络、深造等多种方式不断丰富自己的知识网络，提高自己的语言艺术与人格魅力，从而对学生学习产生积极的、正面的影响。

三、结语

由上可知，高中物理是一门非常重要的课程，受知识内容影响，学生们很容易对枯燥的原理、法则失去兴趣，这就需要高中物理教师积极创设生动有趣的教学情境，从而保证教学质量，促进学生成长。

"情境化试题"对高中物理教学的启示

广东省河源市河源高级中学　刘小宁

"情境化试题"也就是考试阶段所给出的具体试题背景材料。考生在试题情境这一平台中需要完成统一的思维任务或实践操作，各考生要在这一平台中对问题进行分析和解决，此类试题对情境的包含就是"情境化试题"。

一、知识与情境的进一步融合

虽然"情境化试题"的展开通过对相关情境的综合，然而从本质上来说，还是考查学生是否综合掌握和理解了相关知识，因此，教师需要通过对知识与情境的进一步融合，使学生适应这类问题情境，从而具备更加稳固的物理知识基础。教师在对知识进行初次讲解的过程中，需要对知识与情境的融合加以关注，而不是对知识进行简单传授。首先，教师可以通过对情境代入法的利用，让学生掌握此类知识应用于哪一场景和状况中，使相关的物理知识能够得到切实的落实；其次，教师在教学阶段需要在知识中加强对情境的融入，使学生在学习阶段能够从一定程度上做到对此类问题的认识和了解，从而更好地应对此类问题的考查。另外，对知识与情境的进一步融合，可以培养学生的物理思维能力，物理知识是对自然科学知识进行的高度总结和概括，最终是为了让学生在实际生活中应用所学的知识，要想使学生能够更好地理解物理知识，就需要融合实际情境。长时间如此，在日后的学习中，学生也会从重要性方面对物理学习加以关注。

例1：刹车后的汽车开始做匀减速运动，在第1秒内的位移为3 m，第2秒内的

位移为2 m，从第2秒结束开始，汽车还能够继续向前滑行多少距离（ ）

A. 1.5 m   B. 1.25 m   C. 1.125 m   D. 1 m

在对"匀减速运动"知识点进行讲解的过程中，教师可以组织学生进行实验，并要求学生结合图表以及文字两种方式，对问题的答案进行汇报总结。学生通过实验能够掌握匀减速运动的规律，教师可以结合教材对匀减速运动进行总结，列举生活中与匀减速运动类似的现象，让学生将所学的知识与实际生活相结合。

二、对探究实验情境的利用

物理教学最为重要的环节之一就是物理实验，所遇到的情境实验题大多与物理实验有着密切的关系，因此，教师需要通过对实验情境的利用，让学生根据物理实验充分掌握和理解物理知识，感受到物理学习的乐趣。教师必须对物理实验的方式进行改革与创新，在传统物理实验的基础上，使趣味性物理实验变得更加多样化，进而帮助学生在物理实验中更好地掌握物理知识点。

例2：蹦极属于极限项目中的一种，可以实现对人胆量和意志的锻炼。从高处跳下的运动员，在拉展弹性绳之前所做的是自由落体运动，拉展弹性绳后受到弹性绳的缓冲作用，下落至一定高度的运动员速度减为零。在整个下降过程中，以下哪一说法是正确的（   ）。

A.运动员在弹性绳拉展前是失重状态，运动员在弹性绳拉展后是超重状态

B.运动员在弹性绳拉展前先是失重状态，后是超重状态

C.运动员在弹性绳拉展前先是超重状态，后是失重状态

D.运动员保持失重状态不变

在物理课堂当中进行探究自由落体运动的物理实验时，教师可以对学生进行引导，让学生分别用石块、纸片以及羽毛来进行自由落体实验。学生在经过实验之后便会发现羽毛和纸片下落的速度慢，而石块下落的速度快。当学生得出这一实验结果时，教师要充分发挥其引导作用，即引导学生对其实验结果进行思考，并结合课堂教学内容得出结论，羽毛和纸片因为受到空气浮力的影响进而导致其落地速度较慢。另外，教师要对学生继续进行引导，让学生思考如

何才能减轻浮力对羽毛和纸片自由落体的影响。

三、对情境中的数学模型的构建

在设计活动课程模式的时候，教师需要提供一定的时间，让学生自主地对问题进行思考，并且在课堂上汇报自己的总结，在此期间，教师做好引导者的角色，对学生的总结进行评价，使学生能够对自身所学的知识进行迁移，掌握知识运用的技巧，对学生的综合素质进行培养，使其能够通过不断思考和总结，深化知识的学习。

比如在对合力与分力的关系进行探究的过程中，从不同角度对合力与分力进行测量，所得出的实验数据是不同的，但是，如果控制力有着相同的作用点，就需要从方向以及大小等方面对力的因变量进行记录，然后再构建合力与分力的模型，通过对平行四边形模型的采用，能够解释合力与分力有着怎样的关系。站在知识的角度上来说，力的合成是物理学的一种现象，而平行四边形却是数学模型，因此，简单的数学模型能够对物理问题进行直观的描述或解决，这就是顺向对学习的迁移。

四、结语

"情境化试题"在物理学科中的情境具体指的是客观存在于自然界及社会生产、生活中的物理现象或过程，此类试题从物理概念、相关规律以及应用能力方面对学生进行考查。

注：本文是广东省教育科学规划课题《基于核心素养的高中物理情境化教学模式的有效建构和实践研究》（2019YQJK243）成果之一。

重视情境创设，激发学习物理兴趣

广东省河源市连平县附城中学　廖春婉

"兴趣是最好的老师"，没有兴趣就没有动力。新课程理念的重点在于激发学生学习的兴趣，调动学生学习的积极性、主动性和创造性，在质疑、解题和探究中培养创新思维能力，在实践中培养发现问题的能力和探索精神。为此，教师要利用各种可能，在教学中采用多种形式，激发学生学习物理的兴趣，如发挥语言艺术的魅力，利用生本资源双向互动，联系实际创设生动活泼的教学情境。

一、通过趣味故事、物理学发展史，感受物理的奥秘

物理学发展历史和物理学家探索物理规律的过程，是培养学生兴趣最好的素材之一。一方面，在物理教学中适当地贯串一些物理学史，可以陶冶学生的情操，让学生更好地掌握学习物理的方法，从而让学生潜移默化地接受良好的行为习惯以及思想品德教育，得到深刻的感染与鼓舞。另一方面，教学课堂上，用形象生动的语言描述历史故事或者适时讲授一些有趣味的故事，可让学生进入特定的情境，有效地激发学生兴趣和好奇心的同时，也让学生积极思考相关问题，同时领会物理问题的研究方法、思路等。例如，在进行参考系部分的教学时，可以讲这样的一个小故事：在第一次世界大战时，法国一位飞行员在高空飞行时发现脸旁有一个东西在游动，原以为是一只昆虫，顺手一抓竟然抓到了一颗德国子弹，这名飞行员怎么会有这么大的本领，能抓到一颗飞行的子弹呢？这样一下子就把学生的学习积极性调动起来，既激发了学生的求知欲，也让学生进一步感受到物理知识的奥秘。学生经过学习和探索，知道了原因，弄清了道理，学到了新知识。

二、通过生活实例，创设情境，增加学生的感性认识

生活中处处有物理。这句话恰如其分地说明了物理就在我们的身边，它的原理、蕴含的定律就根植于人们的生活和生产实践之中。真实的情境再现最容易使学生接受，最容易激发学生学习物理的兴趣，最容易调动学生的身心感受和经验。学生在生活中所见到的情境，在学习物理新课之前，就对这些情境有了一定的感知，这为物理新课的学习提供了很好的感性材料，对于学生对新知识点的理解、掌握有很好的促进作用。因此在情境教学设计中，教师应利用好这个有利条件，充分利用生活经验有目的地设计情境，引导学生从生活的物理现象中去发现未曾想过的物理问题，并带着寻找解决这些问题的目的来学习，自主探究，亲身体验过程，从而得到正确的结论。学生依据实验来概括归纳，总结出物理原理及定律，能够继续在实验探究中发现新的物理问题并解决，从而形成一个良好的学习过程，不断培养自己的动手能力和提高科学探究能力。

陶行知先生的生活教育理论告诉我们，教育含于生活之中，教育必须和生活相结合。所以，创设教学情境，第一要贴近学生的生活实际，使学生感受到物理学习的现实意义，认识到学习物理知识的价值。我们上课所提出来的问题，通常是学生日常生活中经常遇到但没注意到的问题。例如：我们在太阳光下吹出的小气泡，为什么是五颜六色的？隔着墙，为什么我们还能听到别人的讲话声，但却不能看到对方？黑板为什么是黑色的，而粉笔却是白色的？……第二要了解学生原有的知识，并在这个基础上利用和挖掘。比如：在讲解电场这个抽象的物理概念的时候，可以利用学生已经掌握的重力场概念，将电场与重力场进行类比教学，帮助学生理解体会。

教学要遵循从感性到理性的认识规律。例如在"生活中的圆周运动"一节，关于离心运动，我让学生回忆刚学骑车拐弯的情境，通常胆子比较大的同学速度很快，比较容易甩出去摔倒，学生马上产生共鸣，连连点头，此时，抛出问题：为什么会出现这样的情况呢？生活中的亲身经历，既引起了学生的兴趣，也激发了他们探究的欲望。通过引导，学生在现实生活中发现的各种各样的现象，都能通过物理知识来解答，从而激发学生学习物理的兴趣。用现实生

活创设的物理情境，符合学生的认知特点，能增加学生的感性认识。总之，再形象的说明都不如让学生自己体验来得具体生动，这才是我们想要的效果。

三、通过创设问题情境，激发学生求知欲

教学的艺术不在于传授，而在于激励、唤醒和鼓舞学生的心灵。心理学研究表明：学生的思维活动总是由问题开始的，在解决问题中得到发展。学生学习的过程本身就是一个不断提出问题，又不断解决问题的过程。因此在教学过程中教师要不断创设问题情境，引起学生认知冲突，使学生处于一种心求通而未得、口欲言而弗能的状态，激发学生的求知欲，再主动提供探索和发现问题的条件，使学生的思维在问题的猜想与验证中得到促进和发展。

例如，在学习加速度这个新的物理量时，我是这样教学的：日常生活中，学生很容易感受到速度的存在，但是对于加速度的感受却不是这么明显，关于加速度引入的教学，我首先通过多媒体展示了游乐场中人们玩过山车的情景，一下子调动起学生的兴趣，接着提问，为什么游客会尖叫？学生基本回答就是因为速度快，接着多媒体展示飞机中人们悠闲自得的活动，提问：飞机速度更快，乘客为什么如此悠闲自得？学生开动脑筋思考：因为飞机近似匀速运动，而过山车速度发生了变化。再次展示过山车的运动，此时选择过山车的速度缓慢增加，人们没有尖叫，学生顿悟：过山车的速度一下子变快了。学生总结：这和速度变化的快慢有关，自然引入新的物理量——加速度。这种让学生首先体会到新物理量在我们日常生活中存在的引入，有助于学生加深对新物理量的理解。又例如，讲解力的合成和分解时，可创设这样的问题情境：细棉线下面挂一个重物，用一根线时容易断，还是用两根时容易断？大部分学生会不假思索地回答：肯定用一根线时易断。教师演示，结果却相反。为什么呢？这一疑问立即引发学生的好奇心，从而激发他们的求知欲。整个过程由老师指导，学生参与，师生互动，而结果是学生探索出来，这使他们感受到成功的快乐，培养了学生的主人翁精神和团结协作精神，并激发了学生学习物理的兴趣。

四、通过解决实际问题，创设情境，让学生感觉到学有所用

高中物理课程标准中明确指出，物理课程应贴近学生生活，符合学生的认知特点，激发并保持学生的学习兴趣，通过探索物理现象，揭示隐藏其中的物理规律，并将其应用于生活实际，培养学生良好的思维习惯和初步的科学实践能力。的确，物理知识在日常生活和生产实际中有着广泛的应用。就学科性质而言，通过学习，让学生将所学的物理知识应用于日常生活和工作之中，应用物理知识分析和解决问题，是学习物理的出发点。

学好物理不仅是学生的学习任务，更重要的是物理知识在我们身边无处不在，有很强的实用性。物理教学过程中要体现出物理从生活中来，到生活中去的思想，将所学物理知识用于生活，解决实际生活中的难题，让学生感觉到学有所用。曾经听过一位优秀教师的课，关于"匀变速直线运动规律的应用"，他首先给学生播放了一段两车追尾的事故现场录像，接着提问："请同学们说说，事故的原因可能有哪些？"这马上激发了学生的学习兴趣，学生的回答也是多种多样的。紧接着教师给出了两车位移、时间等相关数据，"假如你是交通警察，请认定肇事者是哪一方"，学生立马兴趣高昂地进行讨论、分析，利用所学规律得出结论。接着教师顺理成章地教育学生要遵守交通法规，并介绍了科技成果"防撞器"，落实了"学科核心素养"，突出了物理学的思维方法，将物理知识与生活紧密联系。

教师在讲解各个知识点时，要选用贴近学生生活的例子，让学生认识到物理学习的现实意义，更进一步体会到知识的重要性，如人们在做饭时利用排气扇或油烟机进行空气对流等，用这些与我们生活密切相关的例子，让学生体会到物理知识的趣味性和实用性，使学生的学习主动性得到进一步提高。这样的学习过程可以让学生感觉到，学习并不是一件干巴巴的事情，通过学习可以解决一些生活中的问题，有了学习动力，学生就能轻松地进入学习中，提高物理的学习效果。

教师在课前要做好课堂内容安排，多从生活中选取有利于学生学习的资源，结合学生具体学习情况，让学生在物理课堂中真正做到结合生活实际进行

学习。在实验中教师要让学生主动动手操作，让学生通过亲身体验把注意力集中起来并进行思考，让学生在动手中有收所获，这样既加深了学生对知识的理解又提高了其分析问题和解决实际问题的能力。教师要让学生在平时的生活中多注意观察、认真思考，发现生活中的物理知识，让学生知道学习到的物理知识都是生活中常见的，让学生从生活中的简单例子出发，提高学习积极性，在学习知识的同时学会利用知识合理地解决生活中的问题。

五、通过物理实验，创设情境，激发创造欲

物理实验具有形象直观性、生动性、新颖性和刺激的高强度性，能够让学生边观察，边思考，边提问，制造认知冲突，从而达到解决问题的效果。通过实验教师容易和学生沟通交流，实验能最大限度地激起学生的兴趣。例如，在讲竖直平面内的圆周运动的"水流星"模型时，学生很难理解。我就自制了一个简易的"水流星"模型。器材：细线（稍长一点）、塑料小杯（戳两个小孔，可栓细线），让细线穿过小孔系住塑料小杯，在塑料小杯中装适量的水。然后开始设置问题，问题1：若让塑料小杯直接倒置过来，请问水会流出来吗？学生大声回答"会"。我随即演示了一下，水直接流了出来。接下来引入问题2：若拉着细线让塑料小杯在竖直平面内运动，水会流出来吗？学生又大声回答"当然会"，我含笑不语，说要不我们试试，学生高呼好，我说大家看好了水流出来了没有，边说边假装做实验，与此同时前排的学生随即做了一个避让的姿势，我问有这么夸张吗，前排的学生开始喊了，说水会洒到我们身上的。我依旧含笑而不语。接下来我真的开始动手做了，我特意让细线长一点（也就是让半径稍长一点），甩塑料杯的速度也相对大一点，同时提醒学生睁大眼睛看好了，结果学生看到水竟然没有洒出来，他们满脸的惊奇和疑惑。我乘机引出问题：水怎么没有流出来？大家想不想知道具体的原因，学生的热情高涨，高呼"想"，还有一部分学生仍沉浸在刚刚的实验中没有回过神来，也许他们还是不相信水怎么就没有流出来。这样就水到渠成地引入了本节课的主题。物理是一门以实验为基础的科学，各种物理实验以其直观性、形象性为学生提供了丰富的感性材料，使其充满着趣味性、思维性、挑战性、探索性和创造性，能

有效激发学生的好奇心和求知欲。

在教学过程中，学生实验能让学生动脑、动手、动口，是提高学生学习兴趣的最有效途径之一。一方面学生通过亲自操作或亲自设计实验满足他们的好奇心和求知欲；另一方面学生会因为自己验证了某个物理规律或因自己通过实验加深了理解而感到高兴，因而增加了学习的兴趣。比如在学"超重和失重"这一节课时，我让学生在课前准备一个饮料瓶，并在旁边戳一个小洞，开始上课时，我让其中一个学生带着他戳有小洞的饮料瓶来到讲台，并让另一同学来帮忙，让其中一位学生用手先堵住这个小洞，然后另一个学生向饮料瓶中装水（水远远超过小洞的高度）。接下来我就设置问题1：如果学生松开堵住小洞的手，水会流出来吗？学生一致回答会；问题2：如果学生松开堵住小洞的手，同时让这个装有水的饮料瓶自由释放，此时水会流出来吗？这时有学生大喊会，也有一小部分学生小声地说不会。设置好了这两个问题后，我让两位学生按照这两个问题来演示，第一个问题中放开堵住小洞的手后，水立即流了出来，学生并没有什么惊奇，第二个问题中，让堵住小洞的手松开的同时，另一位学生自由释放饮料瓶（我随即喊"验证奇迹的时刻到了"），学生的学习热情一下高涨，并亲眼看到水并没有流出来。学生的脸上流露出激动、惊奇、疑惑等表情。这时我继续问："让堵住小洞的手松开的同时，另一位学生自由释放饮料瓶，为什么水不会流出来？此时的饮料瓶中隐藏着什么样的秘密呢？大家想不想知道原因呢？那下面我们就通过这节课的学习为大家揭开谜底。"从而水到渠成地引入本节课的主题。在物理教学中教师要为学生多创造一些自己动手的机会，并且适当运用生活中常见的物品帮助学生完成操作，让学生通过自己动脑、动手去获得知识，促进学生更好地掌握知识和加深与实际生活的联系。

利用物理实验的魅力创设情境，可充分发挥学生的主体性，有利于教师引导学生通过对实验的观察、研究和分析去思考问题，解决问题。

在教学过程中，只要教师做个有心人，合理创设物理情境，就不仅能够有效组织教学，创造高质量的课堂教学，而且能使学生明确学习目标，产生浓厚的学习兴趣，培养积极向上的情感。

物理课堂教学效率与生活情境的融合研究

广东省河源市和平县阳明中学　　刘春亮

物理作为高中非常重要的学科之一，其所占学生必修课程的分值比例也相对较高，所以物理学习的重要性可想而知，但是物理学科的教学难度以及学习难度较大，导致学生的分数差距较大，因此教师需要根据具体情况做出相应的调整。随着新课改的推进，提高高中教学的课堂效率作为目前新课改的关键点之一，能够有效地推进高中课程的进度以及学习效果，而生活情境教学作为一种特殊的教学模式，能够改善教学过程中枯燥乏味的课堂氛围，提高学生的听讲率和感兴趣程度，从而提高学生的学习效率。对于高中物理的学习来说，由于物理的各种物质、天体等研究，与日常生活情境息息相关，因此本文基于将课堂效率与生活情境相融合的方式对高中物理课堂教学进行研究和分析。

一、生活情境教学原则

（一）科学原则

物理属于一种客观性较强的学科，因此高中物理教学过程要遵循科学原则。比如老师在讲解天体运动的时候，可以给学生进行天体运动展示或者播放有权威性的天体运动视频，以此增加学生对于天体运动规律的理解，让学生了解天体运动的概念以及具体公式，从而提升学生物理知识结构的搭建水平。

（二）真实原则

高中物理老师在教学的过程当中，需要注意生活情境教学的真实性，既要符合学生的身心特点，也要符合客观真理，从而真正地激发和引导同学们的探索心理和物理学习意识。

（三）主体原则

物理老师在创设情境的过程中，需要分清教学的主次结构，以学生和教学目标为主体，在不偏离主体的情况下提高学生的学习效率和兴趣，让学生沿正确的思维方向对物理进行理解和创造。

二、物理课堂效率与生活情境融合教育的方式

（一）提出问题，构造情境

对于高中的物理教学来说，单纯的情境教学往往不会起到很好的教学效果，老师需要在进行情境教学之前，提出一些相关性的问题，让学生带着问题进入情境教学的课堂，以增强学生的主观意识和对问题答案的渴望程度。比如老师在讲解自由落体这一章节的时候，可以带羽毛、小石块、笔等各种材料道具在课堂上进行情境演示，但是需要在演示之前，给学生提出一些研究性问题，比如对比物体的下落速度和时间，从而计算物体的加速度和物体质量之间的关系等，从而让学生在观察情境的同时，进行独立思考，还样能够渲染课堂气氛、提高课堂效率，提升学生的自我学习能力以及对概念公式的理解力，对物理学习成绩的提升有着积极的影响。

（二）采用微视频教学的方式，建立生活情境

随着互联网的发展，微视频教学模式在教学中利用越来越广泛，特别是对高中生来说，他们的学习任务重、学习压力大，采用微视频进行生活情境教学，能够更好地提高学生的学习兴趣。在高中物理教学的过程中，老师可以在教学之前根据该节课内容搜索各种简短的微视频，或者自己在校园内拍摄物理教学微视频，视频不宜太长，一般控制在5~10分钟即可，然后在教学过程中播放给学生观看，让学生感受到物理对于生活的意义和重要性，同时向学生提出观看要求以及观看后老师会提到的问题，这样的教学方式能够提高学生学习物理的兴趣和积极性。

（三）寓教于乐，构造情境

高中学生对于各种学科的传统式和高压式教学容易产生麻木和抵抗的心理，所以对于学习难度较高的物理学科来说，我们可以构建一种寓教于乐的生

活情境教学模式，适当开展一些物理学习的小游戏，在缓解学生压力的同时，提高学生的学习效率。比如老师在讲解物理中追赶与相遇的问题时，可以让学生分不同小组进行小游戏，并且在游戏之前，提出相关问题和数据，让学生在进行演练的过程中，计算出相应的答案。适当采用寓教于乐的教学方式来构造生活情境，能够有效地活跃课堂氛围，提高学生对知识的掌握能力。

三、结语

高中的物理学习就像在一片汪洋大海中找到一盏明灯，需要老师为学生指引方向，学生才能够找到正确的思维和学习路径。因为高中生面临多重学习的压力，所以对于重难点学科的教学需要采用更加合理以及主客观结合的教学模式进行，随着新课改的要求变化，需要重视高中物理教学的生活情境化。因此本文主要针对物理课堂效率与生活情境相结合的方式对高中物理教学进行实践，收到了良好的效果。这种方式能够有效地提高学生的学习兴趣，值得借鉴和推广。

高中物理教学情境创设的实践与思考

广东省河源市连平县附城中学　廖春婉

对于很多学生来说，高中物理是一门难理解且理性思维极强的课程，往往需要很清晰的逻辑思维能力，但是学生一旦做到融会贯通，便不会害怕出题者的举一反三和思维拓展题。在教学过程中，为了学生能够更好地学习高中物理知识，更好地面对当今的教育体制要求和竞争压力，在课堂的教学中教师们应多加入一些情境来辅助抽象问题的表达和思考讲解，这能够在带动学生积极思考的同时，更加简单地理解相关知识重点，增强思维活跃性。

一、利用教学工具创设情境

高中物理是当前部分高中学生难以把握的课程之一，为更好地适应教育体制改革，高中物理教学应积极创设问题情境，在激发学生学习兴趣的同时，不断提升高中物理教学的质量和效果。很多教师在设计课堂环节和内容时，并没有真正形成融入情境来进行生动教学的意识。然而事实证明，情境的加入不仅会减少学生理解和运用的难度，而且在一定程度上可降低教师的教学难度，这种双向的益处不容忽视。因此，教师在教学中，要善于利用教学工具为学生创设情境，将知识由抽象变为具象，让学生在教师构建的情境中掌握教学内容。

例如：在讲解"电与磁场"时，大部分的学生对电和磁场是没有概念的，对于电，可能会知道是我们所使用的电流，但对于磁场这种看不见摸不着的东西，没有参照的依据，学习起来就有一定的困难。这时倘若教师带一些磁粉和磁针等教学工具来演示给学生看，并且举一些平时生活中运用到磁的简易事物来解释，这样达到教学要求的难度就会降低很多。因此，教师要意识到在高中物理教学中创设教学情境对学生的上课投入度和积极度有鲜明的改善和提高，从而能够形成思维活跃、氛围轻松的课堂环境，高质量地完成一节课的教学任务。

二、针对重难点创设情境

当教师将情境教学与课本教学相结合时，应将教学目的和需求放在首位，不能为了创设情境而创设情境。更重要的是要紧紧围绕解决物理问题的重点和难点，并且要因材施教，具体问题具体分析。教师讲解问题时一定要有侧重点，清晰地传达每一个知识点的重难点。例如：在"牛顿定律"这一章的教学安排中，为了让学生对力有一个初步的感知，可以利用"斜面和小车模型"进行无摩擦小车自由加速下滑和有摩擦小车减速下滑的演示实验，比较两小车在重力和摩擦力的作用下的运动变化。教学的重点应该是帮助学生学会分析力的作用点和力的方向、位移这几个解题的核心要素，这些应该在情境教学中突出体现出来，倘若老师一味地画蛇添足，加入其他与问题无关的知识点和背景，就会浪费课堂有限的时间。

三、在实验教学中创设情境

一个创新式的教学策略的引入，要切实地落实将理论知识和实践相结合，不能只是一味地空谈和形式主义。例如：物理这门学科，部分仍与日常生活有关，但大部分已经抽象到脱离了生活中的日常，研究一些电、磁、力、功方面的学术问题。复杂的公式往往会让学生们因为理解不透彻而混淆，甚至连单位也模棱两可。这需要学生的想象空间和抽象思维。很多物理知识点和新概念的学习，都是以实验为基础展开的，让学生亲身参与到实验当中去，自己发现实验现象和特点，这会使记忆更加深刻，学生更容易理解和吸收。因此，教师应在情境创设过程中加入实验的元素，借助直观的实验操作和实验现象来激发学生的学习兴趣，进一步增强教学效果。我们要重视实验在物理教学中的地位，不要忽视技能教学的意义，它们是理论教学的支柱。

四、联系生活实际创设情境

相关教育部门指出，教育要时刻以学生的实际生活和社会技能需求为核心。高中阶段的文化教学课程，尤其是物理知识应该联系生活实际，从一个个生活情境中去增强学生对物理知识的理解和学习的主动探索性。具体来讲，教师在情境教学中起到的主要还是引导作用，在教授理论知识的基础上，联系生活实际，加入合理的情境讲解，开阔学生的思维与眼界，优化学生的思维方式，关注学生思维的过程，而不是一味地急于让学生得出答案。

五、结语

这种情境创设的实践，可以引导学生跳出课本的禁锢，让思维从课本中延展开来。死读书是应试教学模式下产生的错误学习方式和习惯。想真正学好高中物理，不能依靠刷题，它要求学生具备一定的对抽象事物的想象和逻辑思维能力。当然，教育的改革机制在不断地调整和发展创新，课堂中情境的创设比以往增加不少。

基于情境教学的高中物理高效课堂的构建策略

广东省龙川县第一中学 叶景青

物理一直是高中教学的重点学科。随着新课程改革的不断实施，高中物理教学逐渐关注学生主体地位，激发学生对物理学习的兴趣，为高中物理有效教学的开展奠定了良好的基础。高中物理是涉及抽象理论和复杂实验数据的抽象学科。对于学生来说，仅仅通过教师的讲解是不可能完全掌握物理知识的重点和难点的。这就要求教师贯彻新课程改革的教学理念，采取更有效的教学策略，努力创造符合学生特点的教学模式。

一、构建高效物理课堂的重要性

（一）提高高中物理课程教学成效

受传统教学理念的影响，许多教师在教学过程中仍然采用单一解释的教学方法。这种单一而枯燥的教学方法不能使学生理解和掌握更多抽象的物理知识，而且通过反复提问的形式，学生不能真正掌握物理的相关知识。因此，学生的物理课堂表现不尽如人意，物理实践能力薄弱，严重破坏了学生对物理学习的信心，未能充分发挥物理课堂教学的实际作用。构建高效的物理课堂，需要改变教师传统的教学理念，尊重学生的个体差异。选择更直观的抽象物理知识教学方法，不仅可以培养学生的综合素质，如思维能力和实践能力，而且可以增强学生的学习信心，使学生真正掌握物理知识，有效提高高中物理课堂教学效果。

（二）激发学生学习兴趣

从调研中发现，高中物理课堂教学中还存在很多不足之处，表现较为明显的有：主体地位不明确，教学方法比较单一，习惯于采取"满堂灌"的教学模式，通过"题海战术"加深学生对知识的印象。然而，从实践的角度来看，这种被动灌输法很难被学生接受，很难调动学生的思维主动性，容易驱散学生对物理学习的兴趣，学生陷入被动学习状态，甚至对物理学习产生抵触。构建高效的物理课堂，就是要采取以学生为主体、多种教学方法并用的教学理念。在具体的教学中，教师要根据学生的实际情况合理选择教学方法，在教学方法的实施中充分突出以学生为本的教学理念，调动学生的学习积极性、主动性，加上一些有趣的实验，有效激发学生的学习兴趣，同时提高物理课堂教学质量，使学生充分掌握和灵活运用物理知识。

二、高中物理高效课堂的构建策略

（一）培养学生的逻辑思维能力

高中物理包括牛顿三大运动定律、万有引力定律、能量守恒定律、电磁场理论、光理论等内容，这些理论看似深奥玄妙，晦涩难懂，实际上万变不离其宗——它们都是《几何原本》在自然科学各个领域的不同应用形式。教师必须引导学生去学习《几何原本》，并向学生传授逻辑学知识，着重培养学生的逻辑思维能力。教师要让学生们了解从牛顿到爱因斯坦，物理大师们都是在循着《几何原本》的模式搭建物理学大厦，而且这些物理大师们对于柏拉图的"理式世界"深信不疑。

教师还应整合零散的知识点，对其进行分析、总结和归类，帮助学生理清各知识点之间的内在联系，建立完整的物理知识结构，总结关键点和难点，帮助学生正确理解。这也有利于提高学生思维的严谨性和逻辑性，增强学生的抽象记忆，提高学生的归纳概括能力。

（二）优化课堂导入教学，提高课堂教学效率

在高中物理课堂教学过程中，良好的课堂导入是提高课堂教学质量的重要途径。对高中生来说，物理知识内容的难度大大提高。因此，在高中物理课堂教学过程中，教师应采取有效的教学方法，搞好课堂导入教学，激发学生对物理课程的兴趣，激发学生的学习欲望，引导学生进入更好的学习状态。在课堂导入的过程中，教师要结合学生的特点，调动学生的学习积极性，根据课堂教

学内容的特点，采取有效的介绍方式，引导学生了解课堂教学的重点和难点，增加课堂教学的趣味性，引导学生思考和探索，这样可以培养学生分析和解决问题的能力，有利于构建高效的课堂教学。例如，在高中物理"电场中带电粒子的运动"的教学中，由于教学内容是抽象的，不可能通过物理实体来演示，课堂教学存在一定的困难，学生在学习过程中也存在一定的困难。因此，教师可以在教学开始前用多媒体给学生播放小视频，引导学生思考，然后合理地进行课堂教学。这样可以吸引学生的注意力，引导学生思考和探索，激发学生的学习兴趣，引导学生自主学习，促进高效课堂教学的建设。

（三）培养学生的兴趣

爱因斯坦说过："兴趣是最好的老师。"如果不能让学生对物理学产生强烈的兴趣，那么，他们永远不会成为学习的主人，更不可能学会享受学习。这就需要教师善于激发学生的兴趣。

教师必须认识到物理是一门深奥的科学，但物理从来不是一门封闭的科学，封闭的教学绝对不可能培养学生的兴趣。在课堂教学中，教师必须拓宽学生的视野，让学生思考地球进化、地质学、宇宙学、天文学、计算机科学、生物学、航空航天飞行、电气化、福岛核反应堆和物理之间的关系，让学生学习自己思考。这样，学生就会意识到物理规律隐藏在所有客观的自然现象中，物理学彻底改变了人类的生产和生活方式，从而尊重物理学的价值。教师还可以问学生，为什么世界上有这么多漂亮的轴对称图？如果他们不知道，教师应该告诉他们大多数固体是晶体，它们中的原子和分子按规则的顺序排列，轴对称图是晶体的反射，让学生认识到物理中存在着对称美，从而激发学生的兴趣。

（四）创设问题情境，引导深入思考

高中物理教学的内容对一些学生来说是困难的。在课堂学习和自主探究中，学生需要教师的引导。因此，在课堂教学过程中，教师必须注意创设好的问题情境，设计有针对性、启发性和探索性的问题，同时注意问题的数量和方式。教师在发挥关键作用的同时，应引导学生深入思考物理问题，进而构建高效的高中物理课堂。例如，在开展"自由落体运动"教学时，教师可以拿着铁球和羽毛向学生进行提问："如果我将这两个物品从同一高度释放，谁会先落

地？"学生都会积极回答："铁球先落地。"设计该问题的主要目的在于从学生生活经验出发，在趣味性的问题引导下开启新课程的大门。

（五）多给学生动手实践的机会

物理是一门以生活为导向的实践性学科。因此，高中物理教师应更加重视学生参与实践学习的方法。一是培养学生的实践能力；二是提高学生的学习兴趣；三是培养学生的自主探究能力，提高课堂教学效率。例如在开展"平抛运动"这一节的教学活动时，我没有在实验前对学生施加更多的限制，而是把实验设计、设备准备、数据采集和结论总结的各个环节都给了他们，使他们能够分组合作，独立完成实验。我在教室里走来走去，只在学生需要帮助时给他们必要的指导。总之，无论教师如何学习教学理论，他们都应该清楚地认识到，高效的高中物理教学离不开课堂教学实践。单纯的理论教学不能达到课堂教学的高效率，因此教师在教学中应注意灵活运用各种教学方法，要大胆突破传统，根据教学需要调整教学方法，使物理教学真正走上高效的道路。

三、结语

在高中，学生的学习压力很大。如果教学方法不当，容易引起学生对物理知识的厌恶，影响学生的学习效率，甚至不利于学生今后的学习和发展。因此，为了构建高效的物理课堂教学，教师需要不断改进和创新教学方法，改变传统的教学观念，充分突出学生的主体性，激发学生的学习主动性，为学生的学习打下基础。

重视物理情境过程分析，克服物理学习困难

广东省河源市广州大学附属东江中学　罗双林

在高中物理教学过程中，提高学生的思维能力，培养学生解决问题的能力，是物理教师教学的重要任务。高中学生普遍都觉得物理难学，真正对物理感兴趣的同学很少，热爱学习物理的同学就更少了，而在物理考试中，很多同学都反映综合题最难，物理教学该如何克服这个困难？重视物理过程分析是一个突破困难的有效途径。物理过程分析，实质就是弄清物理过程的具体细节，分析其前因后果、制约条件、本质特征以及所遵循的物理规律。

一、重视物理过程分析，有利于学生建立正确的物理情境

物理情境是在头脑中形成的按一定规则发生发展变化的过程，学生不能建立正确的物理情境，就谈不上构建相应的物理模型，无法运用物理规律解题。学生解答物理综合大题的第一步就是建立正确的物理情境：物理问题都是通过某种情境呈现的，物理来源于生活，生活隐藏着物理。比如，在必修一的追击问题中，学生有一定的感性认识，但是在追击过程中到底怎么追，相遇几次，要解决这些定量的问题就必须对过程进行分析，建立正确的物理情境，才能够正确地运用相关物理规律解答。学生在情境中学习，在情境中获得，在情境中成长，是学生乐于接受的教学方式，这样课堂效率也会相应地提高，教师乐于教，学生乐于学。

二、重视物理过程分析，有利于学生理解物理概念、性质、规律

在物理过程的分析过程中，物理概念、性质、规律就不再是抽象的了，而是呈现在学生面前的活生生的情境，过程分析是建立正确物理情境的途径，建

立正确的物理情境是丰富学生表象的过程，表象是思维的细胞，表象的积累是形成思维的基础，过程越详细，表象越具体，学生想象力越强，思维越丰富。在《交流电的产生及其描述》这一章节中，只有对交流电产生的过程做一个详细的分析，学生才能够理解交流电的最大值、周期、频率等概念，才能够理解为什么线框在匀强磁场中匀速转动会产生正弦交流电，才能够理解为什么一个周期内电流方向改变两次等规律，把抽象的概念、性质、规律具体化。在物理教学中，教师都强调物理知识不要死记硬背，因为死记硬背的东西是死的，而经过大脑思维加工过的物理知识是活的，知识与知识之间的联系紧密，容易形成知识链，牵一发而动全身，这样的知识在大脑中存在的时间久，不易忘记。

三、重视物理过程分析，有利于在解题过程中发现更多的新问题

问题来源于过程，问题隐含于过程中，问题最终要回到过程中解决。过程详细，情境正确，也就知道问题的来龙去脉，一个完整的物理过程是一个逻辑严密的过程，环环相扣，每一个环节都起着承前启后的作用，在这种情况下求解问题也就是轻而易举的事。

例题：如图1所示，竖直平面内有一足够长的宽度为L的金属导轨，质量为m的金属导体棒ab可在导轨上无摩擦地上下滑动，且导体棒ab与金属导轨接触良好，ab电阻为R，其他电阻不计。导体棒ab由静止开始下落，过一段时间后闭合开关S，发现导体棒ab立刻做减速运动，则在以后导体棒ab的运动过程中，下列说法中正确的是（　　　）

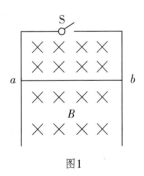

图1

A. 导体棒ab做变速运动期间，其加速度一定减小

B. 单位时间内克服安培力做的功全部转化为电能，电能又转化为内能

C. 导体棒减少的机械能转化为闭合电路中的电能和电热之和，符合能的转化和守恒定律

D. 导体棒ab最后做匀速运动时，速度大小为$v = \dfrac{mgR}{B^2L^2}$

分析：取导体棒作为研究对象，在闭合开关之前，导体棒是做自由落体运动的，速度在增加，开关闭合之后，由于形成闭合回路，导体棒有电流，会多受到一个向上的安培力作用，由于题目中告诉我们导体棒做减速运动，可知安培力大于重力：

$$F_{合} = BIL - G = \frac{B^2L^2V}{R} - G$$

速度v在减小，导致$F_{合}$减小，加速度减小，直到加速度等于零，导体棒接下来匀速运动。

在这道题的分析过程中，我们可以看到安培力的大小与速度有关，而速度的大小与自由落体的高度（时间）有关，所以这个物理模型就有多个存在的情境：（1）开关闭合后，导体棒做加速运动；（2）开关闭合后，导体棒做匀速运动；（3）开关闭合后，导体棒做减速运动。自由落体的高度（时间）不同，所导致的具体的物理情境不同，设问也会不同，所衍生出的题目可以很多，对应的问题就更多了。所以在物理教学中，重视物理过程的分析，不仅有利于学生思维能力的提高，还能使学生真正做到一题多变、多题归一、举一反三，提高学科素养。

四、重视物理过程分析，有利于总体把握解题策略，理顺解题思路

物理综合题是一个情境丰富，过程多样，包含知识点多的题型，特别是高考的压轴题，它能够综合考查学生的理解能力、推理能力、分析综合能力，以及应用数学处理物理问题的能力，这道题往往得分率低，高考作为选拔性的考试，压轴题就体现出了它的选拔作用。解答此类问题的关键就是对该物理过程进行分析，构建正确的物理情境，把一个复杂的过程"拆"成若干个简单的小

过程（理想模型），对一个个小过程进行击破，当然在分析的过程中，应该注意各个小过程的时间顺序和空间顺序以及它们的联系。

例题：（2016年全国Ⅰ卷）如图2，一轻弹簧原长为2R，其一端固定在倾角为37°的固定直轨道AC的底端A处，另一端位于直轨道上B处，弹簧处于自然状态。直轨道与一半径为 $\frac{5}{6}R$ 的光滑圆弧轨道相切于C点，AC = 7R，A、B、C、D均在同一竖直面内。质量为m的小物块P自C点由静止开始下滑，最低到达E点（未画出），随后P沿轨道被弹回，最高到达F点，AF = 4R，已知P与直轨道间的动摩擦因数 $\mu = \frac{1}{4}$，重力加速度大小为g。（取 $\sin37° = \frac{3}{5}$，$\cos37° = \frac{4}{5}$）

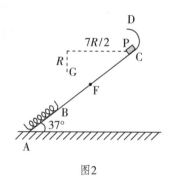

图2

（1）求P第一次运动到B点时速度的大小。

（2）求P运动到E点时弹簧的弹性势能。

（3）改变物块P的质量，将P推至E点，从静止开始释放。已知P自圆弧轨道的最高点D处水平飞出后，恰好通过G点。G点在C点左下方，与C点水平相距 $\frac{7}{2}R$、竖直相距R，求P运动到D点时速度的大小和改变后P的质量。

分析：这是一道动力学的综合题，过程复杂，运动形式多样，在解决这类动力学综合题时我们一定要化繁为简，对运动过程做一个详细的分析，运用"拆"思想把整个运动过程分成若干个简单的小过程。

（1）B→C物体做匀加速直线运动，可以用牛顿第二定律求解，也可以用能量观点求解：

根据题意知，B、C之间的距离为l

$l = 7R - 2R$ ①

设P到达B点时的速度为v_B，由动能定理得

$mgl \sin \theta - \mu mgl \cos \theta = \dfrac{1}{2} mv_B^2$ ②

式中$\theta = 37°$，联立①②式并由题给条件得

$v_B = 2\sqrt{gR}$ ③

（2）B→E过程，物体在原受力基础上多受到一个弹力的作用，物体合外力在变，做变加速运动，在高中阶段只能用能量观点求解：

设BE$= x$。P到达E点时速度为零，设此时弹簧的弹性势能为E_P。P由B点运动到E点的过程中，由动能定理有

$mgx \sin \theta - \mu mgx \cos \theta - E_P = 0 - \dfrac{1}{2} mv_B^2$ ④

（3）E→F过程，物体同样受到弹力作用，做变加速运动，通过能量观点求解：

E、F之间的距离为l_1，弹簧压缩量为X

$l_1 = 4R - 2R + X$ ⑤

P到达E点后反弹，从E点运动到F点的过程中，由动能定理有

$E_P - mgl_1 \sin \theta - \mu mgl_1 \cos \theta = 0$ ⑥

联立③④⑤⑥式并由题给条件得

$X = R$ ⑦

$E_P = \dfrac{12}{5} mgR$ ⑧

（4）设改变后P的质量为m_1。那么物体由E→C过程先做变加速运动，后做匀减速运动，在这个过程中通过能量观点求解：

P由E点运动到C点的过程中，由动能定理有

$E_P - m_1 g\,(x + 5R) \sin \theta - \mu mlg\,(x + 5R) \cos \theta = \dfrac{1}{2} m_1 v_C^2$ ⑨

（5）C→D过程，物体做圆周运动，本质也是变加速运动，通过能量观点

求解:

设P在C点速度的大小为v_C。在P由C运动到D的过程中机械能守恒,有

$$\frac{1}{2}m_1v_C^2 = \frac{1}{2}m_1v_D^2 + m_1g\left(\frac{1}{2}R + \frac{1}{2}R\cos\theta\right) \qquad ⑩$$

(6)D→G点物体做平抛运动,通过运动的分解求解:

D→G的水平距离x_1和竖直距离y_1分别为

$$x_1 = \frac{1}{2}R - \frac{1}{2}R\sin\theta \qquad ⑪$$

$$y_1 = R + \frac{1}{2}R + \frac{1}{2}R\cos\theta \qquad ⑫$$

式中,已应用了过C点的圆轨道半径与竖直方向夹角仍为θ的事实。

P在D点的速度为v_D,由D点运动到G点的时间为t,由平抛运动公式有

$$y_1 = \frac{1}{2}gt^2 \qquad ⑬$$

$$x_1 = v_D t \qquad ⑭$$

联立⑫⑬⑭式得

$$v_D = \frac{3}{5}\sqrt{5gR} \qquad ⑮$$

联立⑧⑨⑩式得

$$m_1 = \frac{3}{5}m \qquad ⑯$$

由此可见,重视物理过程的分析,重视物理情境的重现,不管是在新授课时还是在讲解综合大题时,都将收到意想不到的效果。在讲解新课时,物理过程的分析有助于学生理解概念,掌握性质规律;在讲解综合大题时,对物理过程进行详细分析,科学拆解过程,是学生在定量进行解答前的重要一步,有助于学生形成良好的学习物理的习惯,提高分析和解决问题的能力。

下 篇

情思教育——研修掠影

　　"站起来是一座山"，内心始终坚定而自信；"坐下来是一本书"，有丰富的涵养，能让人一直读下去而不觉得乏味；"躺下去是一条路"，能为人们指引方向——有人对名师这样定义。

　　作为一名教育工作者，如能在工作、学习和生活中，注重感悟，学会感悟，坚持感悟，以无为的心态进行有为的追求，并将自己的所长、所爱、所变"聚焦"在自己爱做、能做且该做的事上，那是一种觉悟、一种智慧、一种幸福、一种精神、一种创造。三年来，我和我的学员们同进步、共成长。我们因教育而快乐，我们因实践自己的教育理念而精彩。

第七章　工作室研修掠影

理蕴人文，以情诱思——我和我的工作室

工作室的理念和特色

一、团队理念

"独行速，众行远。""看见"别人成长的同时，唤醒自己专业成长的自觉，并让所有成员都能在这一平台上获得专业成长。

二、教学理念

理蕴人文，以情诱思。理：物理，真理。情：情境，情怀。人文：指根植于人的内在素质和文化底蕴。物理学科的教学不仅应创设丰富的情境让学生获得物理知识、技能和能力，同时要挖掘学科知识的育人功能，探讨指向人的思想情感、思维方式和价值观的生成与提升，让学生成为有思维深度、文化品位，兼具哲学气质的人！

三、工作室特色

以山区教师专业能力建设为核心，面向全市，以中青年骨干教师培养培训为重点，通过"团队培养、整体提升"等途径努力建设一支师德高尚、业务精

湛、充满教育情怀的高素质山区名师队伍。

工作室特色凝练和品牌建设

我们来自山区，成长于山区。因此工作室的定位是扎根山区，服务山区教育，以自己的微薄之力奉献山区教育智慧，通过"以点带面、培养一期、成长一批、带动一群"等途径建设一支师德高尚、业务精湛、配置合理、充满活力的高素质山区物理教师队伍。工作室LOGO简介：绿色背景代表河源的万绿山水，主图案是三个"W"，代表物理学科，图案"W"连在一起代表工作室理念——手拉手，共划桨，众行远。

图1　工作室LOGO　　　　　图2　工作室二维码

一、情思物理——工作室特色凝练

价值引领、思维启迪、品格塑造是学校和教师的三大核心任务。我们立足课堂，积极思考，持续凝练一线教学问题，将"情境化"教学作为我们的研究方向。在物理教学中，我们努力通过四个途径融合科学素养和人文素养的培育，使物理教学充满情思味："活用教材、以情诱思"让教材更有情味；"丰富实验、重构情境"让实验充满情味，"追源设境、完善习题"让习题充满情味；"优化设计、以情追问"让课堂充满情味，从而使物理教学走向物理教育。

工作中，我结合自己的从教经历，一直思索，如果要让更多的人爱上学物理，就必须改变物理课堂的教学方式，不仅要把物理概念规律讲清、讲透，还要把物理讲得生动，讲得有情有趣，讲得靠近生活、贴近生活。在物理学科教学中注重渗透人文气息，而不是仅仅告诉学生枯燥乏味的定律定理；用情怀让学生喜欢上物理老师，爱上物理课——哪怕是学不好物理，也要让他们喜欢上物理课。

我认为核心素养的培育是一个师生相长的过程。研修实践中，不能只是单向地认为教师在培育学生的核心素养，另一方面，学生也在用他们的行为表现、反馈信号不断拷问、锤炼、深化和砥砺老师自身的核心素养。

理蕴人文，以情诱思。科学素养与人文素养的培育是一次次融化与弥漫的过程，它不仅在于教会学生理解物理概念和规律，更在于每一位物理教师将情"化"在自己的教学方式方法、生命成长过程中。

二、以课题研究为主线

课题研究是教师成长的一条重要路径，也是我们工作室研修的主焦点。在新课改背景下，培养学生的核心素养成为我们教学的导向。《中国高考评价体系说明》强调情境是考查"一核四层四翼"的载体，这就要求我们的物理课堂教学要以情境创设为切入点，通过构建物理模型去情境化来解决实际问题，使学生的关键能力提升。因此我们成功申报并有序地开展了省级课题"基于核心素养的高中物理情境化教学模式的有效构建和实践研究"。

图3　课题研究组成员

工作室成立以来，学员们积极进取，不仅都参与了主课题研究，还带领本校教师申请了4个市级课题作为省级课题的子课题。目前课题研究进展顺利，而且取得了一定的研究成果。

三、工作室建设途径、策略、培养模式

我们坚持立足课堂，全面促进教师的专业成长。

（一）构建工作室的制度文化和人文文化

要使工作室始终能如火如荼地开展工作，就必须建立工作室教研激励机制，增强成员自觉激发室本教研的内驱力。我们工作室要求每个成员都制定出三年发展规划，再细化到每年的发展目标，每年一次自评和督查，建立成员专业发展成长记录袋等。我们还将成员的表现反馈给成员所在的学校，将考核结果与他们的年度绩效考核和评优评先挂钩。为调动成员的积极性，我们工作室还每学年评选表彰一批学习奖、科研奖、教学奖等，坚持"优秀引领、集体行走"。

图4　学员在北京研修

图5　学员篮球赛

（二）智慧开展"情思教研"

"情思教研"是我们工作室深层次文化建设的重要组成部分，它的形成和发展需要我们进行长期不懈的努力。我们只有用积极、主动的心态立足本工作室实际去开展"情思"室本教研，才能促进成员的"专业自觉"，使他们能不断地总结经验、更新观念、改善行为、提升水平、提高质量、精益求精、日臻完美。比如2019年工作室的研修活动我们分四次进行，每次研修都贯串情思主线，每次侧重不同的主题。

1. 案例式教研

我室抓住每次公开教学中的课例评析机会，在观课议课中让执教教师谈教学设想与教后反思，观课教师提出建设性的意见来达到互补共生。我室还会精选各种大赛的课例，让成员们进行点评，并形成案例评析的文字，现已有多篇论文发表。我们引领成员对新授课、复习课、习题课都进行了深层次的探讨，使他们对各类课型的教学能够心里有谱，教学水平有了显著的提升。

2. 沙龙式教研

我室经常开展沙龙式教研活动，让成员们探讨教学中遇到的实际问题或课改中的难点、热点问题。大家谈感悟、讲困惑、议策略、找办法，进行互动式的探讨。

3. 专题式教研

我室常以教育教学中遇到的复杂问题或内容为研究对象，制订分步骤研究的计划，在计划的时间内围绕同一专题进行反复研究，探寻对策，直至解决，如"读书分享""情境化物理教学探讨"等。

（三）读万卷书，行万里路

作为教师，读书是我们提升教师素养最有效的途径。工作室为每位成员购置了《探物求理——手边物理实验 身边物理问题》《物理才是最好的人生指南》《量子物理史话——上帝掷骰子吗》《中学物理教学建模》等书籍，还让每位成员订阅《中学物理教学参考》《物理教师》等杂志，在"相约星期六"的网络平台上交流读书体会，这样既扩大了他们的阅读面又节省了时间和经费。

每次集中研修，我们都要开展一个读书分享交流会，各位学员把自己读书的体会感想跟大家一起分享，有教学方面的，有德育方面的，每次的读书分享都是一次重读的过程，也是自我内化的过程。我们学员不仅读万卷书，还行万里路。为了提升成员的论文写作水平，首先，我选取自己或杂志上经典的论文，给他们分析写作意图、文章结构和创新之处，并推荐相关文章让他们阅读和尝试分析，再谈读后感；其次，让工作室成员围绕指定题目每人说出自己写作的思路、理论和案例等，经过几次沙龙式的交流，成员们已经初步掌握写作论文的相关技巧；最后，让成员们自由选题写出论文，进行互相点评。我让成员们写的论文很杂，有专题论文、课例点评、案例分析和解题教学等。通过两年多的指点，所有成员的写作水平有了大幅度提高。目前工作室成员在省级及以上期刊发表论文近20篇，虽然数量不多，但对于山区老师来讲也很不容易。

作为工作室主持人，本人先后到浙江、江苏等发达地区学习借鉴先进地区的工作室建设经验，带领工作室学员先后与深圳、中山、江门等地区的名师工作室联动交流。学员们从第一次研修活动开始，就感受着来自高校及各界的名师们的指导，站在更高的高度看待新课标，找到了提升自我的助推器。听课学习，参观名校，交流分享，学员们感受到不一样的专业成长。

（四）线下集中和线上分散研修相结合

我们不仅走出去，还把名师请进来。自2018年以来，我们在各种研修中接受国内专家学者指导（如华南师范大学的熊建文教授、西南大学的廖伯琴教授、全国知名物理教育专家黄恕伯老师等），也先后邀请了华南师范大学王笑君和张军朋教授、深圳市罗湖区教育科学研究院姚跃涌副院长、广州越秀区教师进修学校廖小兵校长等名师到工作室亲临指导。在2020年的研修活动中，我们邀请廖小兵校长与我们一起深入课堂，廖校长站在元认知教学理论的高度给了我们工作室很多很好的建议，也以《元认知教学》为题，给东源县的高三物理教师开展了一场内容丰富的讲座。王笑君教授围绕《基于科学素养的高中物理教学评价》主题给我们做线上指导。王教授从物理课程、教师角色定位、有效教学问题等角度进行阐述，用经典例型分析如何帮助学生构建物理观念，阐述科学本质。这场讲座虽然是线上讲座，但是依然像一顿丰盛的大餐呈现在大家面前。

名师工作室不能仅有其名，还应有其"实"，"实"在担当，"实"在辐射引领带动作用。在突然暴发的新冠疫情中，我们工作室的党员老师进社区、护校园，用实际行动诠释了党员的担当与坚守。为积极响应"停课不停教"的号召，在线上教学方面，我们资源共享，精心录制各种微课，网络点击播放量超过2万次。在学校担任中层骨干的刘小宁老师、黄林峰老师、杨继坤老师、杜远雄老师常日驻守校园，护卫校园安全，为师生重返校园保驾护航。

（五）我们一直在努力——共同成长

1. 主持人与学员在各种活动中成长

2019年第四次活动，我们到东莞参加了第七届"华夏杯"全国物理教学创新大赛暨物理教育研究论坛活动。我和王润老师参加了比赛。王润老师的课题是《电磁感应》，他以最新科技——无线充电引入课堂，融合最新的科技，让物理更接近生活，真正做到了从生活到课本，充分激发了学生的学习兴趣，点燃了学生的创新火种。我也在物理教育研究论坛中做了一个主题报告——《理蕴人文，以情诱思——让物理教学更有情趣味》，详细阐述了我的教学思想的提出背景，教学思想实现的主要途径，以及情思教学过程的基本流程，报告获得了与会专家的一致好评。我和王润老师在高手云集的比赛中均荣获全国二等奖。在这次的研修活动中，学员们观摩了来自全国各地的优秀教师精心准备的示范课和教学仪器展示。学员们深深感受到物理教学不仅需要激情，需要趣味，更需要创新。

作为工作室主持人，作为广东省"百千万人才培养工程"优秀学员，我不仅讲学足迹遍布河源各县区，也积极参与省教育厅组织的各种送教活动，同时在很多高端研讨会上传播工作室的教育理念，积极传播一个教育者的教育追求和教育理想。在2019年广东省名师工作室主持人高峰论坛上，我做了主题发言，在广东、广西两省教研员能力提升研修活动中做了主题报告，让工作室的教学理念和教学思想在更高的平台上得到有效传播。

图6　到紫金中山高级中学送教交流

图7　到广州执信中学学习交流

2. 省骨干与新学员的"手拉手"成长

2018年工作室刚成立时就承担了省级骨干教师的跟岗研修任务。在那次研修活动中，我们工作室的学员与省物理骨干培训对象师徒结对，开启了一种全新的沟通交流学习，"结对互助"学习给学员们留下很深的印象，也获得了省教育厅的积极肯定。两年多来，他们一直相互学习，共同进步。

图8　省骨干教师跟岗学员与工作室学员在一起

四、部分成长案例

（1）全国性的比赛活动：在2019年第七届"华夏杯"物理教学创新大赛中，我和王润老师均获得二等奖；在2019年"全国物理名师工作室年会暨中学物理实验创新大赛"中，我们工作室的学员罗双林老师和刘小宁老师提交两件作品《利用灵敏电子秤探究安培力》和《鸟笼除尘实验》，分别在大赛中斩获一等奖和二等奖。

（2）省级比赛活动：在2020年广东省中学物理教学改革成果评比交流活动中，刘小宁、邱雪梅、王润三位学员荣获省教学创新成果二等奖；在2020年广东省自制优秀教具评选活动中，王润老师获三等奖；在2020年广东省科普讲解大赛中王润老师指导李佳和吴典雅同学荣获二等奖；在2019年广东省中学物理和小学科学实验教师（实验管理员）实验操作与创新技能竞赛中，谢远青老师荣获二等奖，刘小宁和罗双林老师获高中组三等奖；在第35届青少年科技创新大赛中，王润老师荣获二等奖。

（3）市级比赛硕果累累：在2019年河源市高中物理解题大赛中，一等奖共四名，其中两名是工作室学员，分别是罗双林老师和邱雪梅老师，刘小宁老师荣获三等奖，王润老师、杜远雄老师和刁望老师荣获优秀奖；在河源市2019年高中青年教师教学比赛中，工作室成员罗双林老师荣获市一等奖，工作室成员朱小东老师和王润老师在东源县县区复赛阶段荣获一等奖。

（4）在2019年高考中，工作室学员叶景青老师所带班级高优率100%，其中一人被北大录取。叶景青老师也因此被称为河源市最年轻的状元之师，并荣获河源市当年高考卓越贡献奖，河源市优秀教师称号。

（5）工作室成员在省级以上期刊发表论文16篇。在2019年河源市中小学教学论文评比活动中，邱雪梅老师、罗双林老师撰写的论文荣获一等奖，黄林峰老师撰写的论文荣获三等奖。在第二课堂方面，王润老师荣获河源市青少年科技创新大赛优秀指导教师。

（6）2019年11月，工作室学员邱雪梅和叶景青等多位老师参与了河源市的优秀教师送教活动，取得了圆满成功，在送教学校引起热烈反响。

图9　东源中学工作室

好教师是民族的希望。未来任重而道远，我们将继续发挥团队作用，努力争做"四有好老师"，积极探索课堂教育新方法，潜心研究核心素养导向下的高中物理课堂教学，努力构筑与时俱进的高中物理教育新体系新模式。

漫漫取经路，满满求学情

——记2019年第二次集中研修第二站（中山）

2019年8月16日，天气晴朗，阳光明媚，正如我们的心情——愉快又充满了期待。今天我们工作室全体学员在向敏龙导师的带领下与其他三位广东省新一轮"百千万人才培养工程"名师培养对象及他们所带领的工作室团队顺利会师于中山市华侨中学。众多名师齐聚于此只为一个原因——研讨交流，求经问道，再续前缘。

一、高考研讨篇

图1　四个工作室联合研修

四个名师工作室联合研修的机会难得，时间宝贵。作为东道主的"侨中"为我们做了最优质的安排，让这短短的一天充实而充满意义。

上午观摩两节高三一轮复习课的同课异构——《受力分析》。风格迥异的两位老师，面对不同层次的班级，不同的学生，各自发力，直击物理一轮复习核心，给我们带来两场别样精彩的视觉盛宴。

第一节课是由广东省"百千万人才培养工程"名师培养对象，高中正高级教师谭子虎老师给我们带来的《受力分析》。受力分析是高中物理的支柱之一，学好受力分析，后面的物理学习将事半功倍。面对"侨中"尖子班的精英学生，谭老师就像一位功力深厚的绝顶高手，缓缓输出，由一个基础模型（一个斜面和斜面上的物体）出发，层层设问，从静止到运动，从不加外力到施加外力，从简到难，由浅入深，把受力分析的"整体法"与"隔离法"进行深入剖析、加工融合，使学生很好地感受到两者的区别与统一，深入浅出地道明了"内力相消"的本质，学生参与度高，获得感强烈，有种被谭老师打通了"任督二脉"的感觉。

景千瑞老师是"侨中"年轻骨干教师，他为我们精心准备了《受力分析——共点力的平衡》一课。景老师先帮学生汇总了受力分析的基础内容，再通过4道例题层层递进，讲解受力分析要注意的问题；具体强调了受力分析的先后顺序，研究对象的选取，共点力的动态分析；对学情把握到位，注重基础，重视学生解题思路的引导，能合理地使用多媒体辅助教学，课堂效率非常高。

两位老师根据不同的学情，采用了不同的授课方式，各有各的精彩，让来取经的我们受到了不少的启发，受益匪浅。观摩了两堂精彩的示范课后，你以为就结束了？不，精彩还在继续。紧接而来的是谭子虎老师给我们带来的精彩讲座《课标—高考—策略》。

谭老师从新课标的变化出发，与我们分享了新课程理念：①凝练了物理学科核心素养，体现了课程的育人功能；②优化了物理知识结构，突出了课程的基础性和选择性；③提出了学业质量水平考试标准，突出了学习结果的呈现目标；④体现了课程的时代性，关注科技进步和社会发展的需求；⑤必做实验大幅度增加，要求提高。新课程标准要求我们的不仅仅是教会学生物理知识，而是在学生离开学校以后还留下来科学思维和科学责任感等，让物理存在于学生以后的生活里和社会发展中。

图2 学员在华侨中学研修交流

在新课标的基础上，谭老师向我们分享了他们的备考经验：高考物理复习各阶段目标和高考形势的分析，在此基础上，具体到如何通过学情分析和高考分析制定相应的高三一轮的复习策略，从年级层面，到备课组层面，再到个人层面，以达到立德树人、服务选拔、导向教学的教学目标。让我们这些身处高三的老师看到了指引前进方向的"光线"。

二、科研分享篇

如果上午是高三一轮教学的直接指导，下午朱建山与黄正玉两位名师的讲座就是教师二次成长教研之路的优秀范例，让我们深受启发。

朱建山老师的讲座题为"始于惊奇濡以文化——以'非常'实验引领中学物理创新教育研究与实践"，他从学科育人的高度，从文化的视角聚焦核心素养，以开发和利用"非常"实验为出发点和落脚点，通过充满惊奇的物理"非常"实验教学活动，彰显物理文化，使学生能够像物理学家那样欣赏物理学，为培养学生的创新能力提供一个重要的切入点和突破口。

他所谓的"非常"实验，实际上实验器材非常简单，实验设计非常新颖，特别是实验效果追求令人惊奇，让人眼前一亮，为之震惊，有震撼心灵的强烈刺激效果。这种形式的实验创新教学，更能激发学生的创新意识，启迪学生的创新思维，同时能够强化学生的物理学科核心素养，使学生学以致用，回归于生活。

黄正玉老师的讲座题为"习题实验化——物理习题教学的创新实践"，他先是对物理习题实验化进行简单概括和相关理论的阐述。他认为物理习题实验化教学将常规的习题教学与实验创新相结合，旨在培养学生实践意识和创新能力，加深学生对概念规律、过程状态的理解，促进学生思维能力的培养和学科核心素养的形成。然后他通过大量翔实的教学案例，展示物理教学中如何让经典习题和创新实验相得益彰。黄老师的讲座为我们打开了另一扇物理教学创新之门。

三、探访名室篇

2019年8月17日，又是新的一天，我们广东省朱建山、向敏龙、吴洪文、刘崎四个名师工作室团队一行30多人怀着激动的心情来到中山市第一中学进行交流。

图3 参访华琳名师工作室

首先，我们参观了广东省华琳名师工作室，感受到了浓浓的学术氛围，里面摆满了各种各样的书籍，以及各种荣誉与成果，体现了华琳老师及其工作室成员的努力与付出。

图4　工作室团队交流

接着大家来到会议室，听广东省华琳名师工作室助手钟路老师关于华琳老师与工作室的介绍。华琳老师是广东省首批物理中学正高级教师，广东省第二批教师工作室主持人，中山市教师进修学院特聘客座教授。从事高中物理教学40年，参与开发、编写和修订普通高中课程标准实验教科书粤教版《高中物理必修1》《教师参考用书》《学生辅导用书》。独立撰写的十余篇教学专业论文发表在《物理教师》《物理通报》等中学物理教学知名期刊。多次在省、市开设新教材的实施、解读新考试大纲、高考备考策略等方面的专题讲座。主持省、市级教育科研课题，并多次获得省、市普教科研成果奖。

图5　工作室成员在中山一中合影

最后，全体成员在钟路老师引导下参观了中山一中校园。中山市第一中学地处中山市东区金字山下，傍山就势，绿树芳飞，自然环境十分优美，是孙中山先生故乡的一所百年名校。其发源于300多年前兴建的铁城义学，传承于160多年前增修的丰山书院，至1908年领风气之先，改丰山学堂为香山县立中学，开启中山现代教育之端。中山市第一中学奉行"做最好的自己"的办学理念，以培养"身心健康、有责任感、有个性特长的中学生"为目标，坚持"内和外拓、凝心聚力"的办学策略，在长期的探索和实践中，逐渐形成了"以优质教学为主体，科技教育与人文艺术教育两翼齐飞，每一位学生都有特长"的办学特色。

学习就像一个圆，接触到的东西越多未知的也越多。教师的路平平凡凡，却也有别样的精彩。

传播教育思想，坚守初心使命

——2019年工作室交流分享、送教下乡小结篇

世上有很多种人，有的朴素一生，有的荣华终身。也有的人守土一方，却为很多人打开一片天地；还有的人不曾远行，却能把很多人送往远方……

回顾2019年，我们秉承"独行速、众行远"的理念，立足课堂潜心教学，工作室团队建设努力实现"冒尖一个，成长一批，带动一片"。在"情思"物理教学思想的理念下提炼了"情境化"的物理教学教研主题，研修过程彰显"情思"物理教人求真、向善、尚美的育人理念。一年来我们同研修共成长，繁忙与充实并举，收获与成长同行，既坚守山区讲台，也追寻诗与远方。

一、传播教育思想，追寻诗与远方

1. 2019年11月26日，在华南师范大学召开的广东省新一轮（2018—2020年）幼儿园中小学名教师、名校（园）长工作室主持人高峰论坛上，主持人向敏龙老师做了关于如何利用学科特点创建"岭南名教师工作室"品牌的专题分享。向敏龙老师立足物理学科特点，分享了"物理教学思想的凝练与探索——基于工作室主持人视角"的物理教学思想。

图1 "岭南名教师工作室高峰论坛"专题分享

我们工作室从"五个方面"来提升自身品牌：文化建设，鼓工作室之"劲"；课程建构，造工作室之"血"；聚焦课堂，提工作室之"神"；课题研究，助工作室之"力"；专业写作，立工作室之"根"。向老师的精彩发言，展示了"情思"物理工作室的专业化、特色化和品牌化之路，获得了专家、同行的肯定。

2. 2019年9月24日，在美丽的北京师范大学珠海分校，广东、广西约300位中小学教研员研修培训班上，主持人向敏龙老师做了"理蕴人文、以情诱思"的专题讲座。他指出要把人文思想的培育渗透到物理教学中，教学过程要重视情境的构建，突出学生思维的培养。

图2　在2019年粤桂中小学教研员能力提升研修班中交流分享

3. 2019年11月23日，工作室成员观摩了第七届"华夏杯"全国物理教学创新大赛。工作室主持人向敏龙老师和学员王润老师参加了本次大赛，在教育研究论坛组和教学创新大赛组中，两位老师情绪饱满，表现非常精彩，均斩获二等奖。

图3　学员王润在第七届"华夏杯"物理教学创新大赛

4. 2019年3月主持人向敏龙老师参与省内"名教师培养对象"送教活动——走进乳源，为乳源中学的高二学生开展了示范课、物理大讲堂。

图4　走进乳源

5. 2019年8月16日，四个工作室团队顺利会师于中山市华侨中学。众多名师齐聚于此只为一个原因——研讨交流，求经问道，再续前缘。

图5　工作室学员在中山研修

二、走进乡村，坚守初心使命

有人说送教活动，参与者是"赠人玫瑰，手有余香"。我们倒觉得送教活动更像萧伯纳说的，"你有一个苹果，我有一个苹果，我们交换一下，一人还是一个苹果；你有一种思想，我有一种思想，我们交换一下，一人就有两种思想。"在送教活动中，我们以一个交流者的身份捧着一颗心去，分享了想法，学习了知识，也充分发挥了名师示范引领作用，一年来我们的送教活动走遍了河源市的五县一区。

1. 2019年4月23日，工作室主持人向敏龙老师为东源县康禾中学全体老师做了"岁月如歌、幸福成长——做幸福的教师"的主题讲座，分享了个人的成长经历，受到老师的一致好评。

图6　送教东源县康禾中学

2. 2019年8月15日，工作室的全体成员来到了河源市紫金县中山高级中学，受到了中山高级中学钟鸣校长和高三全体教师的热烈欢迎，并在该校开展高考备考研讨活动。邱雪梅老师和杜远雄老师进行了2020年高三物理第一轮复习课《重力　弹力》同课异构活动。

图7　走进紫金

　　主持人向老师为紫金县高三老师分享了《基于模型建构的高三一轮复习策略》，强调了素养背景下的高考应重视优化教学方式，重视情境教学，加强情境设计。工作室成员叶景青老师（河源市龙川一中状元之师、名班主任）为全校的班主任和高三老师带来了精彩实用的讲座——《班主任工作经验》。

　　3. 2019年12月5日，主持人向敏龙老师为连平县和龙川县全体高中物理教师做了题为"基于模型建构的物理教学策略"的讲座。向老师分享了"物理建模观"，指出当前复杂的国际形势下物理学科的重要性，高考的改革必然撬动高中物理课堂策略的变革。

图8　走进龙川

图9　走进连平

4. 2019年11月19日和20日，工作室团队成员叶景青和邱雪梅两位老师参与了河源市的送教活动，引起热烈反响，取得了圆满成功。

图10　学员邱雪梅送教

5. 主持人向老师还到和平县为全县高中物理老师做了"苔花如米小，也学牡丹开"的专题讲座，分享了个人的教育之旅。

图11　走进和平

有的人外表朴素，却在舞台上耀眼夺目；有的人执教数十年，却依然是个学生；有的人远离繁华，却构建着平凡而伟大的梦。岁月如歌，幸福成长。新的一年，工作室全体成员将一起携手，星光相伴，共同成长，美美共进！做新课程改革和发展的有力推动者，用新思维拥抱新时代，共创教育的美好未来！

专家教授齐引领，线上线下促提升

——记2020年8月工作室研修活动

2020年8月，新高考的备考工作正式吹响了冲锋的号角。作为一名一线教师，如何更好地应对新机遇、新挑战？唯有不断地学习和提升。勇于争先的学员们在向老师的带领下，来到东源中学进行为期四天的研修活动。本次研修活动内容丰富，形式多样，学员们用满满的热情，享受着专家教授的文化洗礼，收获最大的不仅仅是知识，还有身为物理人的人文情怀。

理论学习——聆听专家讲座

8月20日，研修活动第一天。上午，我们工作室学员和东源县高中物理骨干教师聆听了广州越秀区教师进修学校廖小兵校长的讲座——《元认知教学》，下午由华南师范大学物理与电信工程学院王笑君教授带来精彩直播——《基于科学素养的高中物理教学评价》。

廖校长从什么是元认知讲起。元认知就是对认知的认知，是关于个人自己认知过程的知识和调节这些过程的能力，是对思维和学习活动的知识和控制。其实质是对认知活动的自我意识和自我调节。元认知包括元认知知识和元认知控制。在教学心理学中常提到"学习如何学习"，指的就是这种次认知。他特别强调了老师要研究学生的学习心理和解题过程，从心理学角度做好监控认知，引导学生积极反省认知。高三课堂加入元认知活动后学生的主要收获不仅是解题能力提高，还有物理素养的提升。整个讲座内容丰富，理论新颖又不缺操作性，对我们以后的教学有很大的促进作用，对提高我们的教学水平有积极的指导性意义。

下午，我们聆听了广东教育物理学科领头人、新教材副主编、华南师范大学王笑君教授精彩的平台直播讲座，王教授的讲座就像是一顿丰盛的大餐呈现在我们面前。讲座长达三个小时，但是听起来毫无累感，相反我们从中受益匪浅。

王教授围绕《基于科学素养的高中物理教学评价》主题，从物理课程、教师角色定位、有效教学问题等角度进行阐述，并对中国学生核心素养、学科课程核心素养、高考纸笔测试中的核心素养进行了深入的剖析，让我们更清楚地了解到从三维目标转向科学素养的必要性。他应用经典实例分析怎样帮助学生建构物理观念，阐述了什么是科学本质，他要求我们物理人要讲真求真！王教授还对广东新高考改革后，如何做好2021届高考备考工作做了指导，让我们一线教师明确了今后的备考方向。

同课异构——实战观摩

8月21日，研修活动第二天。上午我们全体学员听了刁丽清老师和刘小宁老师的同课异构课——高三一轮复习课《摩擦力》。两位老师精心备课，给大家带来了不同的精彩。

丽清老师思路清晰，节奏不紧不慢，语言有亲和力，先复习了摩擦力的概念，再讲摩擦力的种类及对摩擦力的方向判断。丽清老师没有硬生生地说摩擦力方向与相对运动（趋势）方向相反，而是通过生活例子让学生去悟摩擦力的方向；以高考模拟题为例题的讲解巩固所复习的内容，使学生听起来知识是旧耳目还新。丽清老师板书设计合理，重难点处理得当，在复习过程中没有"演"，而是在"导"，给大家呈现了一节有学习价值的公开课。不足之处在于，虽给了学生思考问题的时间，但没有让学生讲讲自己的解题方法。

小宁老师以耳目一新的开场白拉近了与学生的距离，一下子把学生的注意力吸引到自己的课堂上来，让学生全神贯注听课。小宁老师先展示了一幅教材的插图，让学生回忆摩擦力的概念及摩擦力的有无和方向，在复习过程中小宁老师边"导"边提问学生，还不忘给予学生信心激励，给学生创造一个轻松愉快的学习氛围。对摩擦力有无和方向问题的突破，小宁老师引导学生通过常见生活例子来解决，学习没有脱离生活，通过习题的讲解巩固让学生学以致用。在"导"的过程中如能配合一点板书，效果可能更好。

下午，为了更好地开展课例研讨活动，会前向老师给我们播放了"华夏杯"一等奖的录像视频——《摩擦力》，让我们感受一下新授课和复习课有什么不同，给我们多一点思考，多一些启发。

向老师为我们做出了问题指引：①新课教学和复习课教学的异同；②习题的设计和讲解要关注什么问题。我们工作室的所有成员和学员对上午的两节同课异构做了点评，肯定了优点，也指出了缺点。

聚焦课堂——课题研讨

8月23日，研修活动第四天。上午，工作室主持人向敏龙老师就我们工作室的省级课题做了精彩的讲座，引领学员在理论上前行。

向老师以"情思物理的探索和实践——人生是一场修行"为主题，从新高考评价体系谈起，分析了情境的分类、情境复杂程度及与"四层四翼"的关系，指出情境既是"素养考查"的载体，也是帮助学生知识重演的重要元素。他还结合专业成长的角度分别从三方面做了深刻分析：

一、愿景感悟不断追求卓越——行者；

二、学术历练提升学术素养——学者；

三、心智修行学会哲学思考——智者。

随后，工作室两位学员分享了课题研究的成果。

黄林锋老师就课题研究的方向，向大家分享了如何借力实验创设真实情境，打造物理兴趣课堂的思路和想法，同时分享了自己在课题研究上做出的努力及成果。

邱雪梅老师就课题的子课题——《生活情境在高中物理模型构建中的教学实践研究》，从研究的意义到研究的方法做了细致分析与分享，重点探讨了在物理模型建构中，核心素养的培育与情境创设的关系。

在研修会议上，各位成员还交流了对新教材教学教法的感悟，并思考了今后在教学中努力的方向。

物理情怀——时雨春风

物理人都是活泼好动之人，在学习的同时，我们也不乏户外拓展活动。为了舒展我们的身心，做到劳逸结合，工作室成员与东源中学高三班主任进行了一次篮球联谊活动。联谊活动既锻炼了身体又增进了各位学员的感情，乐哉！

三年研修求真知，同伴互助共行远

——记2020年7月工作室"云论坛"活动

"日常的教学工作已经非常忙，如何将日常教学工作和教育教学研究更好地结合起来呢？"

"作为名师工作室学员，在提升区域教学质量中我能做点什么？"

"怎么选择有效的教育教学研究方向？教学成果的类型、途径、方法及形成过程又是怎样的呢？"——编者按

为提升工作室研究内涵，探讨信息技术下工作室研修新策略，我们工作室全体成员在7月18日聆听"2020云论坛"后，在线上举行了"人人论坛"研讨活动，主题为：1.针对"教学成果的培育与凝练"的专题研讨，谈谈个人学习体会；2.作为一线教师怎样将教学经验转化为教学成果；3.提升区域教学质量我能做点什么。在本次的线上研修中，每位学员都积极参与，踊跃发言，学习氛围非常浓厚。

邱雪梅：同样的物理人，给人不一样的感动

我认为朱校长的"始于惊奇、濡以文化——以非常实验引领中学物理创新教育研究"是从学科育人的高度，从物理学史文化的视角出发，聚焦核心素养培育的落地点，通过"充满惊奇的物理非常实验教学活动"这一主要途径，探索培养学生创新能力的切入点和突破口，让学生能够像物理学家那样欣赏物理学。朱校长以他的研究经历跟我们分享了应该怎么提炼成果：归纳要用包子原理；融合要用炒菜原理；提炼要用果树原理。具体来讲就是要分析内在联系和逻辑关系；系统设计，合理搭配内容；重新提炼内涵，重新定义名称。同样的物理人，给人不一样的感动。

刁丽清：教学成果是教学和教研的交集

通过本次培训，我首先对教学成果的概念有了更深入的认识，教学成果应该是在教学问题的发现、提出、分析和解决过程中产生的，是教学和科研两者的交集。教学成果直接介入教学过程，接受教学实践的检验，对教学起辅助甚至支撑作用。成果培育应该从专业角度不断进行实践探索，把最新的学科核心素养教育理念转化成现实的教学成果，积极挖掘学生的潜能，增强学生的创新意识和实践能力，进一步发展学生的学习能力、创造能力和思维能力，把教学从知识传授转移到学生的能力构建和人格养成上来，从而提高学生的综合素质，促进学生的全面发展。

廖春婉：一样的坚守，不一样的梦想

朱校长的非常实验，从一个全新的角度激发学生的创新意识，启迪学生的创新思维，同时能够强化学生的物理学科核心素养，使学生学以致用，回归生活。

源于对物理学科的热爱，朱校长开发了许多新、奇、趣、美的非常物理实验，它取材于生活，比如说日用物品、科学玩具、废旧物品等。朱校长开发的"疯狂的鸡蛋""爱上空气炮""百变气球""魔幻易拉罐"等众多系列的非常实验设计，给学生留下了深刻的印象，大大提高了课堂教学的效率，受到了学生的喜爱以及教育界同行的高度认可。

教育的目的不是仅仅单纯地传递知识，而是对人格和心灵的唤醒，是将人的创造力、生命感和价值感唤醒。一样的坚守，不一样的梦想，未来的日子，我们也要像朱老师一样在平凡的岗位上追梦而行，做触及灵魂的教育者，做有为的教师。

黄林锋：教学成果的凝练是教学智慧的升华

人的智慧来自对事物的高度认识，认识越深刻，就越有智慧，就能把事情做得更好，教学成果一定是在某一领域对教学的高度认识，目的是更好地为教学服务。那么在教学过程中，如何凝练出教学成果，提高凝练教学成果的能力，就是值得我们思考和学习的问题。这一次培训让我们明白了，如何凝练出教学成果和提高凝练教学成果的能力，让我对教育有了新的认识，提高了教育

理论水平。有了理论指导实践，才能更好地为党的教育事业服务。

王润：努力学习，力争从"经师"到"名师"

郭华教授的讲座，让我对成果有了比较深入的理解，明确了成果的基本属性——易操作、可推广、能解决共同面临的难题、可以再生根发芽；丁部长的讲座，让我明白选题的关键——需要解决的教育问题，同时针对如何规范有效凝练成果讲解非常详细，如目标、计划、措施、团队等要素。云论坛主题网络培训让我们在凝练成果方面有了详细理论指导，明白工作不等于成绩，成绩不等于成果，同时对"做到"两字有更深体会。我们在教学过程中，经常会有好的想法或者灵感，但有时没能及时记录或者深入思考，因此在今后的教学中，我们应该善于积累素材（教学设计、论文、视频、反思、案例等），并从中升华凝练核心理论，这样可以有效地提升自我，从"经师"到"名师"快速成长，更好地服务教育事业。

刁望：教育是做的哲学

我认真聆听了专家的讲座，受益匪浅。让我体会最深的一点是：教育是做的哲学。"在做中学"是我国著名教育学家陶行知先生教育思想的根基。丁部长用她的经历告诉我们什么是教学的初心、恒心和耐心。她用实际行动告诉我们——"教育是做的哲学"。

"教育是做的哲学"告诉我们，办教育首先要倾注情感。教育是"一个灵魂唤醒另一个灵魂"，本质上来说是一种心灵对话的过程，最好的教育是陪伴，于细微处见真情。

"教育是做的哲学"是科学地做，要尊重学生发展特点和成长规律，要关注国家和社会需求。对于什么是应该做的，什么是不应该做的；什么符合学生兴趣需要，什么违背学生成长规律；什么是有效，什么是低效或无效，都要一一甄别，不能草率。

罗双林：工作≠成绩，成绩≠成果

教育是"做"的哲学，要坚持做，持久做，在实践中出结果，这就告诉我们要立足课堂，从课堂总结和反思，在每堂课上，不仅学生要有收获，老师也要有收获。坚持做，从量变到质变。

虽然工作≠成绩，成绩≠成果，但是没有做工作就不会出成绩，出成绩并不代表会出成果，这里面体现了不仅要做，还要总结升华，成绩是通过工作做出来的，成果是通过成绩升华出来的。所以我们不仅要做，还要总结升华。

刘小宁：路漫漫学不断

教育教学成果是非常宝贵的教育教学资源，教学成果奖的申报，培育是基础，申报是策略，理念是前提，能力是支撑，实干是关键，在改革中挖掘，在实践中培育。评选教学成果奖的意义，更在于鼓励和引导广大教师积极从事教育教学研究，深入开展教学改革与实践，展示教书育人成就，加强教育教学工作，全面提高人才培养质量。在以后的教育教学中，我们应该凝练教育教学成果并分享，为教育事业做出自己的贡献！

向敏龙老师：不仅要埋头做事，更要仰望星空

最后，向敏龙老师说，"只有最朴素最宁静的田园，才能长出最肥美的果实"，我们作为教师，最应该学习的一门课程就是"研究自己"。我们不仅要埋头做事，更要学会仰望自己头顶的灿烂星空。第一，我们要"研究自己"。兵法云："知己知彼百战不殆"。我们要先分析自己的兴趣与教学中的专长，然后确定努力方向。第二，制定自己的职业生涯规划和学习计划。比如自己的短期目标是什么，远期的打算，读书的主题和数量。"凡事预则立不预则废"。第三，开始行动。"千里之行始于足下"。不管什么计划，不行动永远没有结果。

教育没有远近，有心便不怕距离

广东省河源市田家炳中学　邱雪梅

没有纯粹的教学，所有精彩教育的背后，都是生命的丰富和思想的提升。教育首先是自我教育，教师强大了，专业发展了，你就是一个范本，一门课程，一条奔腾不息的小河，你所赠予学生的每一朵浪花都是新鲜的，活泼的，具有教育意义的！

教育，可以是一支支粉笔，我在这头，知识在那头；教育，可以是一张张PPT，我在这头，精彩在那头；教育，可以是一个个摄像头，我在这头，努力在那头；教育，也可以是一束束电磁波，我在这头，学生在心里头……

琅琅书声，又回校园；春去夏来，你我安好！

教育没有远近，有心便不怕距离。2020年新冠疫情的暴发导致开学的日子被不断延后，但作为高三教师的我们依然时刻准备着，准备着陪伴我们的孩子冲击属于他们的人生大关——高考。因为防控需要，着急的我们也不得不待在家里。就在我们忧心烦恼的时候，学校迅速传达了"停课不停学，离校不离教"的指导思想，让高三马上启动"线上教学"的备考模式。学校的指令像及时雨虽浇灭了我心中的许多担忧，但也蒸腾出了许多困惑："学生怎么上课""我们怎么进行线上教学"……在学校领导的指引和帮助下，我这只迷茫的"小船"也踏上了探索"线上教学"之旅。

在线上教学的初期，我们采用了升学e网通的会员教学模式，就是通过布置作业的方式，让学生在指定的时间观看指定内容的教学视频。备课组老师尽量筛选符合学生学情的优质视频，学生跟着视频学习，完成指定的作业。我们觉得这样的上课模式能很好地实现线上教学，也能相应地完成我们的教学内容。

但是随着时间的推移，"老师，网站进不去""老师，视频看不了""老师，那个知识点是怎么回事？""老师，那个知识点没有听懂"……这些声音越来越多，也慢慢暴露了这种线上观看教学视频的教学模式的弊端。第一：线上的视频容量有限，并不是所有的内容都能找到相应的教学视频，单单找视频这个工作就消耗了我们大量的时间和精力；第二：线上教学视频的内容并不符合我们学校学生的学情；第三：线上教学的视频质量参差不齐，教学质量得不到保障；第四：线上教学视频缺少与学生的互动，学生注意力难以集中，学习效率大打折扣；等等。

理想是丰满的，现实是骨感的。

"老师要不你直播吧！我们去看……"学生的一句话引发了我新的思考，"直播"这个本来离我很遥远的名词突然闯进了我的教学生涯。对呀，"直播"！让学生听着不熟悉的老师讲着不适合他们的教学内容，还不如我成为那个老师，用他们听得懂的方式，讲我们要学生掌握的内容，想想都有些小激动。一阵激动过后，脑袋才恢复清醒，"直播！？怎么直播？"对于一个习惯了课本加板书、多媒体用起来都有些问题的人怎么"直播"？？？于是一个"电脑小白"在学生和朋友的帮助下开始了在网上刷视频、刷直播的日子，开始慢慢了解各种直播平台，怎么操作，哪个平台好，哪个平台更方便，适不适合学生使用……经过一番对比我还是选择了比较适合学生群体的微信和QQ，建立班群在班群内进行直播。经过了一番努力，以为就可以变成"网红"了？NO！NO！NO！现实会给你一记响亮的耳光，告诉你什么叫作"理想是丰满的，现实是骨感的。"为了上好第一节网课，我整整用了一天来备课，预想了各种可能的问题，做了自认为完美的教学设计，还向朋友请教了各种技术问题。怀着激动的心情，我走进书房拿出手机，结果在手机支架调节、视频角度调节等一系列问题上就用了半个小时，等学生进入直播间，调声音，调清晰度，弄考勤，又用了半个小时。正式上课才讲了一道题就因为网络的问题下课了。至于上课质量嘛，就不忍直说了，应该不及人家网课老师的百分之一。这"失败"的第一次尝试，并没有打退我继续直播的念头。我反复思考总结了这次课出现的种种问题，并思考解决的方案和策略。设备调节调整时间长——我就上课前给弄好；网络不好——去升级网络；考勤时间长——加强对学生的管理；声音小——说话大声一点，离麦克风近一点……经过一番改造升级，我直播的网课好像有那么点意思了。可是和人家的视频课比，差距还是很大。除了内容是我精心准备的，声音是学生熟悉的之外，我上的网课可以说一无是处、毫无吸引力。虽然没有什么互动，但是至少人家的老师是在屏幕里，有专业的投屏和录播工具，视频的清晰度和专业度没法比。总而言之，我上的网课较之前的视频课，没什么加分反倒扣分不少。

教育是一束束电磁波，我在这头，学生在心里头。

热情过后，虽然学生努力地给予积极的反馈，但是不难发现这段时间的教学比第一阶段的视频课更让学生无所适从。这使我再次陷入思考，到底怎样才能在设备和技术都不及线上老师的情况下，给予学生最优质的网上教学呢？这激励着我去寻找新的网课软件。经过朋友的介绍，我遇见了"钉钉"。对比QQ直播，钉钉软件有着各种优势。第一，它有三种直播模式，能满足不同的网课需要，而且它的清晰度足够，可以实现学生与老师面对面。第二，它能支持多群联播，同一个课，只要上一次就够了，不用因为教学班级的不同重复教学。第三，它支持回放。学生如果因故不能及时上网课，还可以在空余时间看回放补上。第四，它可以录播，不但自己的班级可以观看，其他班级只要获得链接也可以观看。（用于在线集中答疑，试卷评讲等非常高效。）在热心的小伙伴的帮助下，我毅然放弃了QQ直播，用上了"钉钉"软件。从组建班群开始，到正式直播用了仅仅半天的时间。刚开始也是遇到了许许多多的问题，硬件的软件的都有，包括摄像头的清晰度，网络跟不上，板书跟不上等。领导的关心，朋友的支持和学生的期待，让我充满了动力，换摄像头，买手写板，搬黑板……硬生生把自家的书房改造成了网课直播间。"Hello，各位亲爱的小伙伴们大家早上好呀，又是我，你们的物理老师——梅子，今天我们要……""大家听懂了吗？听懂的请发'1'，没听懂的同学请发'2'""下面的问题谁想要聊一下呢？我们来连线一下×××同学""我们请那位点赞最多的同学来分享一下今天的收获吧！"一天的课程就是从这些普通的对话开始，又在欢乐的气氛中结束。虽然用"钉钉"上的网课不是很完美，但是在不断地接近我们的课堂教学了。

后来，我们的上课模式获得了年级领导的关注，并在年级进行推广。我很荣幸成为年级新上课模式的推广老师之一。我们通过线上视频会议、线下备课组活动等方式，向其他老师推广"钉钉"直播的上课模式。在学校全力的支持下，我们有幸实现了在教室里进行直播。最原汁原味的课堂：老师+黑板+多媒体，唯一不一样的是，老师在教室，学生在家里。

2020年注定是特殊的一年，在一开始我们或许遇到了许许多多的困难，突如其来的困难，正是这些突变，让我们看到了祖国的伟大。也正是因为这些困难，让我们看到了教育的多样性，催促着我们这些安于现状的"老教师"做出改变。

感谢所有的困难，更感谢向敏龙名师工作室所有给予帮助的人，让我看到了不断进步的自己。我想教师这个职业真正的回报来自工作本身、来自教育故事的积淀，来自那种"朝闻道，夕死可矣"的满足与体验。在这特殊时期，教师的生命河流与学生的生命河流互相交织、补充、交错，浓缩为彼此刻骨铭心的回忆……

岁月易让容颜变老，学习能让青春依旧

广东省河源市东源县教师发展中心 向敏龙

人生，不仅应有工作，还应有我们的学习和生活。时隔两年多，2020年9月12日，我再次来到肇庆学院参加校长能力提升班的学习。校园依旧而人不同，两年前到这里，是参加名师工作室主持人的第一次培训，刚好遇到"山竹"台风，校园的许多大树被连根拔起，真切地感受到大自然的威力。这次同行的是东源县教育局和教师发展中心的领导、全县的校长、身边的同事。多情的九月，我感受到的是领导的嘱托与同行人的温情。俗话说，因为一个人爱上一座城，因为一座城爱上这里的人。对一个地方的初次感受往往是不深和不全面的。第二次走进肇庆学院，少了陌生和新奇，多了宁静和淡定。逛遍整个校园，有湖有山：一池一峰一剧院，一道二湖三场馆……是个学习的好地方！

七天的学习，聆听了九场讲座，参访了一所学校。我从事教育工作的时间并不短，已经24年了。但是站在一个管理层的视角上，我从事教育工作的时间却不长，从2015年担任教研室副主任开始分管全县的高考备考工作和课题管理工作，才有了与全县学校行政领导的接触与交流。这次与校长们同行，"管理"二字再次刺激了我，可以深入想想管理工作了。作为教研员，既要引领教师专业发展，也要思考一些教育的内涵问题。细想想，校长确实是学校的主要管理者，要有能力有智慧，要勤学习善谋略，要有情怀做示范……

一、做有情怀的教育工作者

聆听彭校长的专题讲座《学校管理队伍和教师队伍建设》，感触挺深。彭校长从肇庆中学的校长到肇庆市教育局局长，又从教育局回到宣卿中学做校长。他的成长经历就是一部耐人寻味的书。他待人和蔼，讲话睿智幽默，很有亲和力，像教授又像兄长。他对教育事业充满激情，对学校充满情怀，很值得我们学习。

我想，今天中国老师的工作积极性的下降，被动性的提升，很大程度上是因为我们的教育不是老师们心目中的教育。即便每个老师都明白这个教育不怎么样，但都不得不这么做，久而久之麻木了，没有了热情，因此也就不可能深入地去思考，只能被动地接受。第一天听丁之境校长的讲座，丁校长讲到卓越校长应具有4个力：思想力，用哲学来思考教育；领导力，通过校长自身的不断修炼和自我超越，凸显对学校、师生、家长的影响，促使学校全体成员不断努力；文化力，校长的文化力是学校发展的灵魂，校长的境界也可以于细微之处见精神，真正的校园文化是自己创造的；表达力，是教育家型校长的思想之翼。陈兆兴院长的讲座题为《做有思想的行动者》，陈院长风趣幽默，娓娓道来，重点谈到了"五法"治校：治理学校最关键的是打造好教师成长的平台，教师有多大的成长空间，就决定了学生有多大的发展空间。

　　作为管理者，如何把老师的初衷给激发起来，思考怎样回归到每个人做教育的初衷上，是我们努力的方向。让老师能自我陶醉一下，自我激动一下，甚至于可以自我吹嘘一下，也是很好的。我想岁月不饶人，但人可饶过岁月，在未来的教育之路上我会继续与大家一起用心行走。

二、结构化模型助力教师成长

　　教师是教育发展的第一资源，破解教师职业倦怠可从教师的专业成长方面突破，可从教师的学历提升、职称提高、荣誉进阶等途径来实施。如何形成教师集体成长的态势是海南省海口市教师队伍建设要突破的难点。聆听陈素梅老师的讲座，我深受启发。海口市教师队伍构建了"以课程为载体，以塔式为结构，以成长为传输力"的结构化成长模型，打开了山区教师成长之新途径。结构化成长模型从以往断裂的、无逻辑的浅层次成长走向可持续的深层次成长；从行政指令被动成长转化为自我驱动的主动成长，激活教师成长动力。

　　结构化基因渗透在教师日常的课堂教学、校本课程和校本培训中，通过"成长力传输带""区域集群式管理""特级教师大讲堂"等平台，实现教师工作坊、教师个人乃至学校的有机整合、有效衔接。海口市区域化集群式基地项目，通过活动项目的区域设计，引领各名师工作坊加强对队伍结构优势的研究和人力资源开发与利用，进而调动一切可以促进成长的资源。为满足优秀骨干教师更高层次的成长需求，海口市开设"特级教师大讲堂"等平台，助力教师更好成长。

　　苏州市教师发展学院唐爱民院长的《做最好的自己》和苏州市姑苏区惠兰主任的《立根"苏式文化"，培育"苏式学校"》两个专题讲座，让我真切地感受到了苏州的深厚文化底蕴和优良的教育生态。唐院长以自身丰富的阅历结合当今教育的实际，对教师的专业发展提出了四点建议，做好校长要先做好老师：一是有良好的师德是前提；二是规划专业发展是基础；三是树立终身学习是保障；四是注重能力提升是重点。唐院长清晰明确而又接地气的指导为每一位校长的专业发展指明了方向。惠兰主任从四个方面介绍了苏式学校：环境育人，文化熏陶，以德兴学，海纳百川；分享了"苏式学校"实践举措和"苏式教育"的姑苏表达。惠兰主任体态优雅，语言清晰，富有感染力，是江南美女也是教育才女。他们的讲座让我体悟了苏派教育发展的深度内涵，深深地感受到粤派教育的差距。

三、名校名在哪？我们需要怎样的名校？

教师的成长空间决定了学校学生的发展空间。我们的名校名在哪？校园的文化沉淀方向在哪？参访宣卿中学的校园，我感受了学校不一样的校园文化，学校校长特别重视教师的培养，小学的第二课堂非常丰富。聆听肇庆学院教师教育学院院长肖起清教授的讲座《名校案例的解读与启发》，我感悟到了什么是名校、名校的内涵、名校的特征、名校的文化、名校的师生等。讲座高屋建瓴，深入浅出的案例及实际操作给我们打开了一扇智慧管理之窗。从肖院长饱含哲理而又风趣幽默的讲座中，我了解了国内中小学的现状和存在的问题，国内外名校的优秀做法。我想，山区学校应从学校发展建设、教师共同体的组建等维度来提升学校办学水平。"名校"名在教师，名在校长对教师的培育，名在对校园文化的提炼。

我们在聆听中享受智慧之声，在体验中品味幸福之事，在思考中寻找前行之路。专家们妙趣横生的语言、引人深思的分析，也让现场笑声不断，掌声连连。

在收获满满中结束了七天的学习，既有回味也有反思，既享受了一场视觉与听觉的盛宴，也知道了粤派山区教育还有很长的路要追赶。荀子说，"君子博学而日参省乎己，则知明而行无过矣。"我要好好学习，更要好好反省消化……

敢问路在何方——我的教育成长故事

广东省河源市连平县附城中学　廖春婉

2018年，我非常荣幸地加入了向敏龙名师工作室，从此我有了一个心灵休憩、共同探讨教育教学的温馨的精神家园。在这里，我结识了很多有为的物理同行，让我在寻梦的路上不再孤单。加入名师工作室后，我养成了不断学习和阅读的习惯，从此我更加严格要求自己，努力工作，发扬优点，弥补不足，开拓进取。

一、名师工作室——搭建成长平台

2000年我从普通的大专毕业后，来到了家乡的一个乡镇中学教初中物理，这里贫穷落后，信息闭塞，我每天通过一本教科书和一本教参书备课，没有教具，找生活用品或生产用具充当，通过自己的努力和老教师的指引，一天天地成长。2012年，由于工作的需要，我被调往县城的一所普通高中任教高中物理。面对的学生变了，知识结构和知识难易程度也不同了，我一下子乱了手脚，难以应对，只得花大量时间研究教材、研究学生，不停地向同事学习，尽管完成了一个循环教学，能勉强应对高中物理课程，但只能算是个合格的高中物理教师吧。

2018年秋，我有幸加入向敏龙名师工作室，在工作室近三年的学习中，我感受到了名师底蕴深厚、热心教育的魅力，感受到了工作室伙伴们孜孜以求、勤于实践、勇于探究的精神，感受到了这个集体给我带来的欢乐与收获。这里有名师的引领，向老师的"理蕴人文，以情诱思——让物理教学更有情味"的高中物理教育思想，引领着工作室的各位成员，向老师要求我们在以后的教学

191

中，要联系实际、联系生活，创设情境，让学生觉得物理有用有趣，激发学生的学习兴趣，让其觉得高深难懂的物理原来来源于生活、应用于生活，让其由被动学习变成主动学习。向老师还要求我们：要具有积极的生命情态，做心地善良、有情有爱、充满生命活力的人，对社会肩担道义，对工作爱岗敬业，对生活乐观向上，对困难愈挫愈勇，对他人团结合作，对自我勤奋进取；还要具有强烈的育人情怀。

在这里，我领略了南粤优秀教师肖雁、省名师邓润来等优秀老师的教学风采。肖老师主要运用启发式的引导，教态从容自然，教学目的明确，教学内容全、准、科学，重点突出，难点突破，有张有弛。《认识多用电表》是高中很难讲的一节课，肖老师分析得如此透彻易懂，这是一节不可多得的优质课，是一节重过程、重发现、重生活、重主体的具有探究精神和启发教育的课，让人耳目一新，感触颇多。邓老师以一节《自由落体运动的规律》包揽了在座的各位专家、老师、学生的芳心，邓老师言语温和，笑容常伴，平易近人。在整堂课中，邓老师思路清晰，特别是在处理繁杂的数据时告诉学生要有耐心，要细心，同时希望学生能够好好学习，掌握新技术，运用计算机来处理大数据；最后的习题中，邓老师用心选题，设置具体的物理情境，忽略次要影响因素，抓住主要矛盾，构建自由落体这样的理想模型，把核心素养落实在整个课堂上，不仅教学生知识，还教学生科学态度和科学思维，促使学生由做题能力向做事能力转变。我非常吃惊于一节规律课能上得如此之好。

这里有高三名班主任叶景青老师，叶老师毕业10年担任高三班主任9年，成绩都非常突出。在2019年高考中，他所带的班级有1人被北京大学录取，8人被中山大学录取，10人被华南理工大学录取，40人全部上重点大学。

这里还有邱雪梅老师和罗双林老师，他们在市举办的教学解题大赛中连续三年荣获一等奖，其他学员也很上进很优秀。跟优秀的人在一起，让我变得更优秀。通过工作室的学习，我不仅提高了教学水平，还学会了做微课，写教学反思、写论文，甚至还跟着向老师做课题。"独行速，众行远"，三年的工作室学习，胜过我十多年独自的摸索。

二、学习——夯实成长基础

俗话说"活到老，学到老"。人要想不断地进步，就得活到老学到老。在学习上不能有满足之心。之所以提出终身学习的观点，就是因为人类几千年积累下来的知识文化，岂是只用短短几十年的一生能学得完的呢？庄子曾说："吾生也有涯，而知也无涯。"何况现代社会的知识寿命大为缩短，个人用十几年所学习的知识，会很快过时。如果不再学习更新，马上就进入所谓的"知识半衰期"。据统计，当今世界90％的知识是近三十年产生的，知识半衰期只有五至七年。因此，人们需要不断"加油""充电"。教师是人类灵魂的工程师，肩负着教书育人的重任，所以，教师只有坚持更新知识结构，对新知保持长久的好奇与敏锐，才不会落后于时代。一旦教师停止了学习，教师的工作便如同机械的运作，并在枯燥的工作中丧失教书育人的本质，从而失去对生活、对人生勇往直前的动力。

很长一段时间以来，我以为依我现有的知识，我能胜任教学，能满足学生基本学习需求，再加上平时忙碌，因此我很少抽出时间来学习，就算学习，也是局限于本专业的知识。可当我加入向敏龙名师工作室成为工作室的一员时，我看到了自身的不足及与名师之间的巨大差距，我意识到自己需要学习的东西太多了。

2018年10月22日至11月2日，十多天的跟岗学习，除了聆听专家讲座，给我陈旧的思想一次次洗礼外，还通过上公开课——同课异构、听课、评课，使我对高中物理有了更深刻的理解，使我的教学技能有了一次质的飞跃。从教十多年，我时常处于懵懵懂懂的状态，只知道教着一本书，不知道为什么教这本书，对物理的思考，仅仅停留在怎么样把一节课上得让学生喜欢的层面上。当然，偶尔我也会追问：物理能为学生做些什么？我开始反思自己的课堂：究竟我所做的哪些事是对学生发展有帮助的？哪些事情纯粹是在搞应试教育？经过分析，我发现，自己的很多教学行为，的确是为了应试，而不是给孩子们最好的物理养料。发现这些，是一件很痛苦的事情。是继续这样在应试的路上走下去，还是冲破应试教育对物理的束缚，走自己的路？在高考的压力下，我进退两难。两年前，有幸欢聚在工作室里，在向老师的引领下，和物理同行们探讨高中物理的教与学，犹如送上一阵清风，抗起一片天空。向老师的"理蕴人文，以情诱思——让物理教学更有情味"的教学思想，为我的教学指明了方向。很多人认为高中难学的物理，其实也是来源于生活、服务于生活的，我们高中物理教师要联系生活，创设物理情境，尽量把物理生活化、简单化，我开始以"让学生学得快乐、学得扎实、学得灵活"为标准来要求自己，尽量善待每一位学生，善待学生的每一次提问，善待学生的每一次"灵光一闪"的创造与感悟。从此，我的课堂变得更有声有色了。

作为老师我很清楚，当我们真正地走近了学生，走进了课堂才会发现，上一堂课容易，可如何在传授知识的同时教给孩子们方法、打开学生的学习思路并不容易。一个个鲜活的案例告诉我，只有不断地读、全面地读、高效地读，才会在真实的教育教学情境中走出重复、琐碎、寡味的困境，让创新、整合、有趣充盈我们的课堂。所以一名教师知识的丰富程度在很大的程度上影响着课堂教学的趣味性、生动性、有效性。看到学生课堂上个性鲜明的表现，我必须要有心理学、教育学的理论案例作支撑才能巧妙引导，尊重孩子的同时还要让他明辨是非，这样才会让孩子喜欢自己从而喜欢我的课堂。曹文轩笔下的青铜和葵花，鲁迅笔下的阿Q与祥林嫂，路遥笔下的孙少安、孙少平，还有秦文君刻画的男生贾里和女生贾梅等，这些知名作家的知名作品也要读上一读；奇葩说、新闻周刊要有所知晓，这样才不至于在和孩子交流的时候语言呆板，与孩子们产生距离感；时尚的话题要会谈、幽默的故事要会讲，更要学会从经典的教育教学案例中总结经验，从大量的教育教学书籍中寻找理论的支点。作为教师，在社会进步快速的今天如果不继续读书学习，就会言之无物、言之无味、言之无趣。

"腹有诗书气自华""最是书香能致远""书中自有黄金屋，书中自有颜如玉。"博览群书，不仅会开阔眼界，积累知识，具有丰厚的文化底蕴，更会增加为师者的人格魅力，教育教学自会驾轻就熟、事半功倍。

三、坚守——激发成长动力

特级教师王兆正坚守的人生信念是："我是一只蜗牛，虽生于田野，却志向远大！我是一只蜗牛，虽行动缓慢，却始终保持爬行的姿态！"

从教十多年以来，我一直扎根在边远山区，这里的条件非常艰苦，但我始终坚守自己的人生信念，坚守自己的道德准则，追求生命的长度和宽度，为学生播撒爱的种子，保持一颗向上、向善的心。加入向敏龙名师工作室以来，在向敏龙老师的引领下，我聆听了许多专家的讲座，其中有张军朋教授的《教师的专业成长》，廖振雄校长的《教师专业发展现状分析及策略》，柴纯青专家的《基于核心素养的课程与课堂改革》，宋冬生教授的《专心、专业、专长——核心素养与专业发展》等，一顿顿视觉和思想大餐，让我不仅饱览了众名师的风采，而且名师们善于创新、敢于挑战、执着追求与快乐实践的精神，开阔了我的眼界，带给我思想的洗礼、心灵的震撼、理念的革新，让我终身受益。从此我的教育教学理念更加坚定，收获多多，感悟多多，我必须要把学到的东西付诸行动，因为那些渴望求知的学生们都在等待着我给他们注入新鲜的血液，因此，我会不断探索，刻苦钻研，在深刻理解教材的基础上，把教材教好，培养出适应新时代的人才。

由于教师所从事的职业特殊，教师是教育人、塑造人的职业，因此教师的世界观、人生观和价值观，甚至一言一行，都会对学生产生潜移默化的影响。我爱岗敬业，敢于吃苦，甘于奉献，在自己平凡的岗位上兢兢业业，踏踏实实，最大限度地把工作做好，高质量、高效率地完成工作任务，给学生做出表率，让学生认可，让学生服气。我给予学生的教育和影响并不会因学生的毕业而终止，而会在他们的工作和生活中继续产生着巨大的影响，甚至会伴随他们的一生，乃至影响其下一代和社会的其他人。我热爱本职工作，忠于教育事业，关心学生、爱护学生，对教育事业具有无私的奉献精神。我时刻注意自己的形象，以身作则，为人师表，起到真正的模范、榜样的作用，用正确的思想来引导学生、用高尚的德行来感化学生，用大方的仪表来影响学生。

有这样一段话："我要开花，是因为我知道自己有美丽的花；我要开花，是为了完成作为一株花的庄严使命；我要开花，是由于自己喜欢以花来证明自己的存在。不管有没有人欣赏，不管你们怎么看我，我都要开花！"这朵花永不放弃、坚守目标的精神不正值得我们欣赏和赞美吗？我们经常说："行动能改变现状。"是啊，只要我们确定目标，建立自己心中的灯塔，努力增加自己的强度和高度，让自己不平庸，就能从平凡走向优秀直至卓越。当然，在成长的过程中，难免会受各种因素的影响，但我们要保持良好的心态，不抱怨环境，不抱怨社会，更不抱怨他人，不停留自己成长的脚步，不满足于一时的荣耀，用一种进取的精神，成就自己的梦想。

四、反思——加快成长步伐

教育家波斯纳指出："没有反思的经验是狭隘的经验，至多只能成为肤浅的知识。"为此他提出了教师成长的公式：经验 + 反思 = 成长。

但凡优秀的教师都是在实践、反思、总结这条途径中成长起来的。简单地说，教学反思就是研究自己如何教，自己如何学。 教学反思是教师成长的助推器，是教师专业发展的有效途径之一。从专业发展角度看，教师的成长离不开教师自己的教学实践，教师的专业发展只有在具体的教学实践活动中，在对自身活动的不断反思中才能完成。只有经过反思，使原始的经验不断地处于被审视、被修正、被强化、被否定等思维加工中，去粗取精，去伪存真，才可生成强大的理性力量，才能成为促进教师专业成长的有力杠杆。

以前很多时候我都是单干，备课、上课、改作业等不断地反复工作，以为老师只要把课上好就行了。其实不然，2018年12月13日，我们工作室的所有成员，冒着严寒，从嘉应学院出发千里迢迢来到深圳滨海小学，听王栋昌老师的讲座《格式、反思、积累、投稿——教育写作的四个关键词》。王老师手把手地教我们写教学反思，教我们写教育教学论文。王老师从四个方面入手：第一不可小看格式；第二写文章要从写反思开始；第三写作积累只要有阅读、实践和写稿积累；第四投稿有不少技巧，详细阐述了教育教学写作方法，非常实用。我反思自己十几年的教学生涯，由于平时缺乏反思和积累，就是苦于写不出文章，使我与名师的距离越来越远。我意识到自己缺少的不是教学实践，而是教学反思。于是我不断地尝试写一些教学反思和教学日记。很多时候，我的教学日记就是简简单单的记录，课堂上的意外，学生日常的表现，令自己颇有成就感的瞬间，也可能是心中的迷茫和教学中的败笔。就是这些看似琐碎无味的文字却记录着我作为教师的平凡一天，有空了我就多写一点，忙碌时我就三言两语，就像日记标题《成长的足迹》一样，就是为了记录自己成长中的点点滴滴。虽不像王老师那般每日千字、日日坚持，开始至今，也不过一年有余，但一路坚持下来，我却已经深刻地感受到在反思中拔节成长的声音。虽然这些反思日记没有优美的措辞、流畅的表达，但这些反思却让我积累了大量的写作素材，写总结、汇报、学习感悟，甚至包括学校日常的教育纪实、读书心得一类的任务几乎都可以从日记中节选修改，在别人看来晦涩头疼的任务我能轻车熟路、游刃有余。教学反思让我们每天都在成长，每天都在进步，更重要的是通过教学反思我们每天都会有新的发现、新的启发，从而走上一段新的教育探索征程。2019年12月我在《教研周刊》杂志发表了论文《探索高中物理教学情境创设的实践》。第一次在省级杂志发表论文，让我内心燃起了对教育科研浓浓的热情。

真实的教师生活会让自己不断地累积教学经验，这些经验都将成为一个人成长的财富。是的，作为教师经验固然重要，然而成长绝不是经验的简单相加。反思更是教师专业成长的沃土，只有不断地反思、实践、提高，才会让自己踏上教师专业成长的高速路。

名师，一个多么鲜亮而又让人羡慕的称号，但是没有辛勤的付出，便不会有丰硕的回报。"成功之花，人们惊艳它现实的明艳，然而谁又知道，当初她的芽儿浸透了奋斗的泪泉，洒遍了牺牲的血雨。"相信执着的付出一定能换来丰硕的回报，让我们干一行，爱一行，专一行，全身心地投入在平凡的岗位上，取得不平凡的成绩。

附：

工作室学员研修回顾（2018—2020年）

图1　2018年9月工作室团队在肇庆学院参加省级培训项目

图2　2018年9月广东省名师工作室团队参观深圳南山外国语学校高级中学

图3　工作室第一次集中研修暨省级骨干教师跟岗培训活动（东源中学）

图4　工作室第一次集中研修暨省级骨干教师跟岗培训活动（东江中学）

图5　工作室第一次集中研修暨省级骨干教师跟岗培训活动（河源中学）

图6　导师张军朋教授亲临工作室指导研修及跟岗培训活动

图7　2018年11月工作室研修及跟岗培训总结会

图8　工作室团建活动（登顶梧桐山）

图9　工作室团队到深圳马山头学校交流学习

图10　工作室团队与省"百千万人才培养工程"名师工作室导师在深圳马山头学校

图11　工作室团队与省"百千万人才培养工程"名师培养对象在深圳马山头学校交流学习

图12 导师张军朋教授与工作室团队参加新课标教材研讨会

图13 王笑君教授与工作室团队成员

图14　工作室团队成员参加嘉应学院组织的省级培训项目

图15　工作室成员参加2019年第二次集中研修活动暨送教下乡活动

图16　2019年8月工作室成员参加中山联合研修活动

图17 2019年11月工作室成员外出研修暨参加第七届"华夏杯"物理教育论坛

图18 华东师大物理系博导胡炳元教授与工作室成员

图19 工作室成员参加嘉应学院组织的省级培训项目

图20 工作室成员参加嘉应学院组织的省级培训项目

图21 工作室成员参加嘉应学院组织的省级培训项目（深圳市第二实验学校参观学习）

图22 工作室学员入室研修活动之专题式教研

图23　工作室学员入室研修活动之沙龙式教研

图24　2020年8月广州进修学校廖小兵校长给工作室学员做专题讲座

图25　工作室学员到北京研修

图26　工作室学员到北京大学

图27　工作室学员参观北京文化

参考文献

［1］李吉林.情境教学的探索过程及其理论依据［J］.江苏教育，1987（23）：26.

［2］卞志荣，顾建元.新课标下高三物理复习课情境问题创设的实效性［J］.中学物理教学参考，2019（9）：9–13.

［3］陈宗成.基于习题的进阶追问与物理观念的培养［J］.中学物理教学参考，2019（1）：1–3.

［4］曹玲.物理教学如何开发学生想象力［J］.安庆师范学院学报（自然科学版），2000（1）：102.

［5］楼松年.“情境探究式”课堂教学探索：《洛仑兹力》教学设计［J］.物理教学，2006（1）：11.

［6］李青.基于建构主义的情境教学的探讨与认识［J］.广东轻工职业技术学院学报，2005（1）：46–49.

［7］李吉林.情境教学实验与研究［M］.成都：四川教育出版社，1990.

［8］王乐意.物理情境教学［J］.阜阳师范学院学报，2003（3）：81.

［9］包彦强.浅析情境教学法在高中物理教学中的应用［J］.课程教育研究，2011（28）：33–34.

［10］曹海仙.情境教学法在教学中的运用［J］.文学教育，2011（5）：32–33.

［11］韦世滚.论物理教学情境的真实性［J］.物理教学探讨，2005（4）：58.

［12］杜德栋.教学激励性原则探析［J］.教育探索，2004（3）：51–53.

［13］徐芬芬.浅谈新课程理念下高中物理教学情境的创设［J］.中学物理教学参考，2008（8）：13–14.

［14］赵洪.高中物理情境教学模式建构［J］.教育教学，2016（3）：21–22.

［15］胡忠国，张剑.对2017年全国高考理综测试新课标卷I第22题的评析［J］.中学物理教学参考，2017（8）：32–33.

［16］沈祖荣.例谈高校自主招生考试中物理试题的特点及备考策略［J］.中学物理教学参考，2017（8）：22–24.

［17］李全备.电磁感应中"双杆同时切割磁感线"问题分析［J］.高中数理化，2014（2）：32.

［18］刘晓杰.利用初中物理教学中的情境创设培养学生核心素养［J］.新校园（阅读版），2018（1）：71.

［19］阮伟文.基于核心素养下的高中物理教学实践：以"传感器的应用"教学为例［J］.中学理科园地，2019（3）：36–37.

［20］蔡志强.创设问题情境落实"核心素养"：以"正午太阳高度变化"为例［J］.地理教学，2018（9）：55–56.

［21］韦叶平.高中物理教学中创新实验的设计与实践［J］.物理实验，2012（3）：16–18.

［22］柯璋.高中物理教学中创新实验的设计与实践［J］.中国校外教育，2015（32）：141.

［23］王维秀.高中物理教学中创新实验的设计与实践［J］.赤子（上中旬），2017（4）：220.

［24］张亚宝.课堂因情景而真实，因情景而精彩［J］.数理化学习，2017（8）：23–24.

［25］孟海霞.趣味教学小妙招［J］.中学课程辅导，2018（2）：13–15.

［26］周敏.初中化学教学中情境创设的实践与思考［J］.化学教与学，2019（13）：6–9.

［27］尹庆丰."情境化试题"对高中物理教学的启示［J］.物理教师，2019，40（9）：31–35.

［28］宋帅颖.数学方法在高一物理教学中的应用研究［D］.开封：河南大学，2019.

［29］庄秀玲.高中物理教学之物理课堂效率与生活情境的融合［J］.考试周刊，2020（19）：139-140.

［30］赵广吉.论高中物理教学之物理课堂效率与生活情境的融合［J］.中华少年，2020（9）：225-226.

［31］陈桂香.论高中物理教学之物理课堂效率与生活情境的融合［J］.课程教育研究，2019（45）：200-201.

［32］赵建君.试论高中物理课堂生活化教学模式［J］.试题与研究，2020（14）：148.

［33］熊胜祥.生活化实验教学在高中物理课堂中的运用策略［J］.试题与研究，2020（2）：15.

后　记

　　童心天然是属于诗的，因其纯粹、本真而热忱。当下的教育有没有把孩子们心中蛰伏的诗性唤醒？他们紧凑的课程表中，是否有一点留白给生命的遐想与放空？针对当今社会普遍的焦虑，探讨如何用美好而优雅的方式，让诗性和情味重归教育，是我们物理工作室一直追求的目标和努力的方向。

　　现阶段学生的高考压力比较大，学生之间的竞争也多，家长也都是望子成龙，望女成凤。高考承载了大部分学生的梦想。在这种教育背景下，即使现在有一部分教师已经转变了教育理念，认为掌握物理知识的程度并不代表着能力的高低，但是现阶段的教育评价体制、高考的压力也迫使这些教师不得不为了分数而完全施行应试教育。在教学实践中，我们发现绝大多数教师采用的还是旧的教学方法，忽略了学生的参与度，教师的情境教学手段和策略也不足。在新课改引领的教学改革背景下，情境作为培育核心素养的重要载体已显得越来越重要，物理学科教学要向学科育人方向转变。

　　所以，现在的教学出现了一种诡异的平衡，大家都在讨论、学习探究式教学方式，或者创设了很多教学情境用于激发学生的积极主动性，但是在上课的时候，又会担心时间不够，考试重点讲不完，习题做不到位而导致分数较低，这样很可能就会出现一种扭曲教育本质的现象，也很难落实立德树人的根本任务。

　　三年来，我们工作室立足物理情境教学研究。这三年，正逢新课改进行时，我们工作室申报立项了省"十三五"规划课题"基于核心素养的高中物理情境教学模式的构建和实践研究"。在研究课题的过程中，我们又把研究问题细化，衍生出了若干个子课题，把课题的部分研究成果整理在本书中，希望能够得到大家宝贵而中肯的建议，让大家更深入地关注新课改，关注情思教学。本书分为两部分，共六章，其中第一、二、三章由向老师负责完成，第四、五、六章由工作室学员整理完成，所以本书后面的内容在表达风格上与前面相比会有比较大的差异，好在最后由向老师统稿，使这个差异的痕迹大大淡化。表达风格的差异也体现教师的个性特点，换个角度想，又能满足不同读者的需要。

本书既凝聚了我们三年的汗水和收获，更是我们学员在教学教研工作中的提炼，特别是本书贯彻了"情思"这一主题，比较全面地阐述了"情思"教育教学思想。"情思物理"着力于通过丰富的情境和物理教师的育人情怀努力把学生培养成为知识丰富、思维深刻、人性善良、品格正直、心灵自由的人。入室研修以来的这三年，学员们作为一个成长共同体，参与了大大小小的各类研修活动，如同课异构、送课下乡、观课磨课、读书分享、专家讲座、各种比赛等。在这三年里，我们在向老师的关心帮助下成长了很多，特别是在向老师的带领下，立足课堂，以做课题驱动教学教研，以写论文反思教学教研，在教学教研方面都有了很大进步。更重要的是在向老师的带领下，学员们的教学视野有了很大的拓展。这些都为我们教师的二次成长奠定了坚实的基础。三年下来，我们收获良多，感触很深。

在整理书稿内容的过程中，我们克服了各种困难。一是我们都是一线教师，很难有一大块时间静下心来集中阅读、思考、整合、写作等；二是我们分布在不同县区学校，大家的整理工作只能通过微信群进行协调，比面对面集中讨论的效率要低。可以说我们是在"磨磨蹭蹭"的状态下整理这部书稿的，当然"磨"并不一定是不好的事，好事多磨嘛。虽然不敢说我们的作品是最棒的，但是确实是我们对入室学习三年来的一个最好的纪念，是向老师留给大家最珍贵的纪念品，时刻提醒我们学无止境，教无止境。

回顾整个编写过程，尽管本书对怎样运用情思教学进行了介绍，但是高中物理情思教学模式还有很多有待提高的地方。除了对国外的教育模式还不够了解外，情思教学法的实施评价也不够明确，未来我们还有很多值得努力的地方。如何更好地使用多媒体进行情境的展示？能否在习题课、专题课上也采用新颖的情境教学方法？如何引导学生利用生活中的用品创造物理模型？这些问题都有待我们去不断创新研究。

我们在整理书稿的过程中，参阅借鉴了很多专家的成果，吸收了很多一线教师的建议，对此我们致以诚挚的谢意，恕不一一注明。

由于时间比较紧，书中难免有疏漏之处，敬请同行们批评指正，再次感谢领导、专家、同行的支持！

罗双林

2020年12月15日